Renu Ghanghas
Vandana J. Rao

Modificação da liga Al-Si por via não convencional

Renu Ghanghas
Vandana J. Rao

Modificação da liga Al-Si por via não convencional

Caracterização microestrutural e avaliação de propriedades mecânicas

ScienciaScripts

Cover image: www.ingimage.com

This book is a translation from the original published under ISBN 978-3-659-87150-4.

Publisher:
Sciencia Scripts
is a trademark of
Dodo Books Indian Ocean Ltd. and OmniScriptum S.R.L publishing group

120 High Road, East Finchley, London, N2 9ED, United Kingdom
Str. Armeneasca 28/1, office 1, Chisinau MD-2012, Republic of Moldova, Europe
Managing Directors: Ieva Konstantinova, Victoria Ursu
info@omniscriptum.com

Printed at: see last page
ISBN: 978-620-8-63967-9

Dedicado à minha família e amigos

ÍNDICE DE CONTEÚDOS:

CAPÍTULO 1

INTRODUÇÃO

Algumas das principais forças motrizes para o desenvolvimento de ligas de fundição Al-Si são a resistência superior ao desgaste, o baixo coeficiente de expansão térmica (CTE), a elevada resistência à corrosão, a elevada resistência em relação ao peso e a excelente capacidade de fundição, o que as torna potenciais materiais candidatos a uma série de aplicações tribológicas em automóveis e noutros sectores de engenharia. No entanto, a sua baixa tenacidade à fratura impede aplicações mais amplas destas ligas?[1] Com o desenvolvimento da indústria automóvel, a necessidade de ligas hipereutécticas Al-Si está a aumentar muito.[2,3] As ligas hipereutécticas Al- Si são amplamente utilizadas no bloco de cilindros, pistão, compressor de ar e bomba devido à sua elevada fluidez, boa resistência ao desgaste e baixa expansão térmica. [2-7] A microestrutura da liga Al-Si consiste em grandes grãos a'-Al primários alongados e silício eutéctico (tipo placa). [1] As microestruturas normais das ligas hipereutécticas Al-Si consistem geralmente em grandes grãos a'-Al primários alongados, fase Si primária grosseira e silício eutéctico tipo agulha (tipo placa), o que agrava muito as propriedades mecânicas destas ligas e limita a sua aplicação?[21] O silício eutéctico induz uma fraca ductilidade nas peças fundidas. A estrutura acicular do silício eutéctico não modificado (tipo placa) actua como concentrador de tensões e promove o início e a propagação de fissuras, facilitando a ocorrência de fracturas. [1,4] Os cristais de silício, que têm formas tridimensionais complexas e são muito frágeis, juntam-se/congregam-se nos limites dos grãos da matriz a'-Al?[11] Por conseguinte, o controlo da morfologia e do tamanho da fase Si tornou-se o processamento mais importante para estas ligas?[21] A maquinabilidade e a ductilidade das ligas hipereutécticas Al-Si são baixas. [4]Sabe-se que uma estrutura de grão equi-axial assegura propriedades mecânicas uniformes, redução do rasgamento a quente, melhor alimentação para eliminar a porosidade de contração, distribuição de segundas fases e microporosidade numa escala fina, bem como melhor maquinabilidade em peças fundidas [8].[L J]

Alteração da morfologia do Si eutéctico da sua estrutura acicular grosseira original para uma estrutura fibrosa mais fina e menos nociva, conhecida como modificação eutéctica?[9']

(1) ^A modificação do Si eutéctico é geralmente conseguida através da adição de certos elementos modificadores, ou modificadores químicos. [11] O refinamento do grão conduz a uma estrutura de grão fina e equiaxial, que, por sua vez, resulta em melhores propriedades mecânicas e de desgaste. [12]A produção de ligas de Al fundidas com melhor qualidade (melhor estrutura e propriedades mecânicas) implica a adição de modificadores durante a fusão e o tratamento da liga líquida (refinação e/ou modificação). A adição de refinador de grão e de modificadores converte grãos de a'-Al grandes e alongados em grãos de a'-Al finos e equiaxiais e silício eutéctico (tipo placa) em partículas finas, respetivamente.[10]

Existem vários métodos através dos quais é possível modificar o silício eutéctico, como a solidificação mais rápida, a adição de um agente nucleante e a refundição, o tratamento ultrassónico, a vibração do molde e a agitação do fundido.[13,14]

Os investigadores podem utilizar P [2,15], Sr [16-18] e Na [4,18] para a modificação. O custo do Sr é bastante elevado em comparação com o do sódio e do fósforo. Utilizámos óxidos e cloretos de baixo custo para a modificação. Existem três métodos principais de ensaio não destrutivo para avaliar o grau de modificação: Análise térmica, condutividade eléctrica e ultra-sons.[13] A modificação e o refinamento do grão do silício primário e do silício eutéctico foram estudados em ligas hipereutécticas Al-Si com um teor de silício de 17 Wt %. As ligas são modificadas através de um método não convencional utilizando a adição de óxidos e cloretos. Devido à adição de óxidos e cloretos , observou-se uma modificação e um aumento das propriedades mecânicas, como a dureza e a tração.

CAPÍTULO 2

REVISÃO DA LITERATURA

2.1 INTRODUÇÃO AO ALUMÍNIO

O ALUMÍNIO, o segundo elemento metálico mais abundante na Terra, tornou-se um concorrente económico nas aplicações de engenharia. [1,111 As propriedades do alumínio [1] que fazem deste metal e das suas ligas os mais económicos e atractivos para uma grande variedade de aplicações são descritas na secção seguinte.

2.1.1 Propriedades do alumínio

1) **Adaptação:** As caraterísticas mais marcantes do alumínio são a sua versatilidade. [w]

2) **Peso leve:** O alumínio tem uma densidade de apenas 2,7 g/cm , aproximadamente um terço da densidade da maioria dos metais comuns como o aço (7,83 g/cm^3), o cobre (8,93 g/cm), ou o latão (8,53 g/cm), mas é uma vez e meia mais pesado do que o magnésio. É utilizado para reduzir o peso de componentes e estruturas, nomeadamente no sector dos transportes, em especial no sector aeroespacial. [w]

3) **Elevada relação resistência/peso:** A elevada relação resistência/peso permite poupar muito em termos comerciais.[l''''

4) **Elevada resistência à corrosão atmosférica:** O alumínio pode apresentar uma excelente resistência à corrosão na maioria dos ambientes, incluindo a atmosfera, a água (incluindo a água salgada), os produtos petroquímicos e muitos sistemas químicos. [l'111] Quando o alumínio é exposto ao ar, forma-se uma fina película oxidada na superfície, protegendo o metal da corrosão. Quando riscada, a camada forma-se rapidamente, mantendo a proteção. Esta caraterística é utilizada na construção civil, em edifícios e em utensílios domésticos. lv-v''l

5) **Boa condutividade:** O alumínio apresenta uma excelente condutividade eléctrica e térmica. É selecionado pela sua condutividade eléctrica, que é quase o dobro da do cobre numa base de peso equivalente. [l'111 A condutividade térmica das ligas de alumínio, cerca de 50 a 60% da do cobre, é vantajosa nos permutadores de calor,

evaporadores, aparelhos e utensílios aquecidos eletricamente e cabeças de cilindro e radiadores para automóveis. [vi]

6) **Facilidade de fabrico e maquinabilidade:** Pode ser facilmente fundido, laminado em qualquer espessura desejada (as folhas de alumínio são muito comuns), estampado, estirado, fiado, forjado e extrudido em todas as formas. [l'

7) **Resiliência sob carga estática e dinâmica:** Os produtos de alumínio comportam-se elasticamente sob condições de carga estática e dinâmica, ou seja, têm a capacidade de retomar tanto a forma como o tamanho, o que é bom quando é necessária uma resistência flexível.[1,111

8) **Capacidade de reflexão:** As superfícies de alumínio podem ser altamente reflectoras. A energia radiante, a luz visível, o calor radiante e as ondas electromagnéticas são reflectidas de forma eficiente. A capacidade de reflexão do alumínio polido leva à sua seleção para uma variedade de utilizações decorativas e funcionais. [1, VI]

9) **Propriedade magnética:** O alumínio não é ferromagnético, uma propriedade importante para as indústrias eléctrica e eletrónica. [w]

10) **Não inflamabilidade:** Não é pirofórico, o que é importante em aplicações que envolvam o manuseamento ou a exposição a materiais inflamáveis ou explosivos. [1,1]

11) **Não tóxico:** Não é tóxico e é utilizado na indústria alimentar, em recipientes para alimentos e bebidas.[H11V1]

12) **Superfícies decorativas:** Tem um aspeto atraente no seu acabamento natural, que pode ser suave e lustroso ou brilhante e lustroso. [I'v,]

13) **Cor:** Pode ser praticamente de qualquer cor ou textura. [w]

14) **Reciclagem fácil:** a fusão de sucata de Al requer apenas 5% da energia necessária para produzir alumínio primário.[1,19]

2.1.2 Problemas com o alumínio

1) **Relacionado com a fusão e o tratamento da fusão:** As ligas de alumínio podem ser fundidas de várias formas. Fornos de indução, cadinhos e fornos de soleira aberta, fornos reverberatórios alimentados a gás natural e a fuelóleo, fornos de resistência eléctrica e fornos de poço são utilizados habitualmente. O alumínio fundido é suscetível a três tipos de degradação:

1) Com o tempo à temperatura, ocorre a oxidação da massa fundida; nas ligas que contêm magnésio, são muito comuns as perdas por oxidação e a formação de óxidos complexos, ii) Com o tempo à temperatura, ocorre a absorção de hidrogénio.

111) Os elementos de liga caracterizados por baixa pressão de vapor e alta reatividade são reduzidos em função do tempo à temperatura.

2) **Relativamente à solubilidade do hidrogénio:** O hidrogénio é o único gás solúvel no alumínio e nas suas ligas. A sua solubilidade varia diretamente com a temperatura e a raiz quadrada da pressão.[20]

3) **Relacionado com a liga com metais superiores/inferiores:**

i) **Densidade:** Os metais de menor densidade flutuam à superfície e sofrem oxidação quando expostos ao ar a altas temperaturas. Os elementos de liga pesados depositam-se no fundo e criam diferenças na composição.

ii) **Diferença no ponto de fusão:** As ligas comerciais são, na sua maioria, soluções sólidas ou ligas eutécticas. Alguns elementos como o níquel e o silício demoram mais tempo a entrar em solução. Uma duração tão longa a um sobreaquecimento elevado conduz à deterioração da fusão, como a formação de escórias e a adsorção de gás.

4) **Relacionado com a oxidação, escórias e perda de massa fundida:** O Al fundido e as suas ligas têm uma elevada afinidade com o oxigénio, o que resulta na formação de uma película de óxido em qualquer superfície líquida recentemente exposta. À medida que o manuseamento da fusão prossegue e a oxidação ocorre, forma-se um subproduto chamado escória. Mantida no lugar por forças de tensão superficial, a escória pode conter até 90% de metal líquido. Assim, pode perder-se um elevado nível de metal do sistema.

5) **Relativamente às inclusões: para** além dos óxidos, vários outros compostos podem ser considerados como inclusões em estruturas fundidas. As inclusões, quer sob a forma de película ou de partículas, são

prejudiciais para as propriedades mecânicas.

6) **Relativamente à curta duração do cadinho:** o cadinho ocupa um lugar muito importante na história da fundição de metais. A oxidação do cadinho ocorre quando a ligação de carbono é lentamente queimada a alta temperatura e as propriedades físicas do cadinho se alteram. As mais significativas destas alterações são a redução da condutividade e a diminuição da resistência mecânica. [a'191]

2.1.3 Substituição do aço por ligas de alumínio

1) Redução de peso.

O principal inconveniente da utilização do aço na construção naval é o peso. Após a conceção adequada de estruturas mais pequenas feitas de aço com baixo teor de carbono, a redução de peso de cerca de 50% pode ser conseguida através da introdução do alumínio. [M] A redução do peso melhora a estabilidade do navio e a eficiência do combustível torna-se um objetivo importante nos navios de maiores dimensões . [21]

2) Propriedades mecânicas.

Os aços estruturais utilizados na construção naval são geralmente representados pelo grupo dos aços-carbono de resistência normal e pelos aços HSTA de elevada resistência. Algumas ligas de alumínio excedem o aço estrutural em termos de resistência. [w]

3) Resistência à corrosão

Os aços carbono e de baixa liga não são resistentes ao ataque de corrosão em ambientes agressivos como a água do mar. Necessitam de uma proteção adequada da superfície, como pintura ou outro tipo de revestimento, que deve ser repetida regularmente. Por outro lado, o alumínio corrói-se mais de 100 vezes mais lentamente do que os aços-carbono. A excelente resistência à corrosão do alumínio tem origem na película de óxido fortemente ligada que se forma na superfície quando esta é exposta ao ar ou à água.[1'v]

4) Análise de custos

Para além da limitação de resistência nos casos de construções sujeitas a grandes tensões, em que os aços de elevada resistência são inevitáveis, a segunda desvantagem está relacionada com o facto de o custo do alumínio ser cerca de cinco vezes superior ao do aço. Assim, devido ao custo elevado, parece que o alumínio nem sempre é económico. No entanto, considerou-se que, tendo em conta a redução do peso, a elevada resistência à corrosão e um nível de resistência satisfatório, a substituição dos aços estruturais convencionais de resistência normal por ligas de alumínio é viável no sector da construção naval.[21,22]

2.1.4 Propriedades físicas do alumínio

O alumínio é um elemento químico do grupo do boro e é um metal branco prateado, macio e dúctil

Tabela 2.1 Propriedades atómicas e estrutura cristalina do alumínio [b]

Symbol	Al
Element Classification	Metal
Atomic Number	13
Atomic weight	26.98

Atomic radius	143
Crystal structure	Face-Centred Cubic (FCC)

Tabela 2.2 Propriedades físicas do alumínio [bl

Density	2.70 g.cm^{-3}
Melting point	660.32°C
Boiling point	2470°C
Thermal conductivity	237 W.m^{-1}.K^{-1}
Latent heat of fusion	10.71 kJ.mol^{-1}

Tabela 2.3 Solubilidade sólida de elementos em alumínio

		Maximum solid solubility	
Element	Temperature (°C)	(wt%)	(at%)
Cadmium	649	0.4	0.09
Cobalt	657	<0.02	<0.01
Copper	548	5.65	2.40
Chromium	661	0.77	0.40
Germanium	424	7.2	2.7
Iron	655	0.05	0.025
Lithium	600	4.2	16.3
Magnesium	450	17.4	18.5
Manganese	658	1.82	0.90
Nickel	640	0.04	0.02
Silicon	577	1.65	1.59
Silver	566	55.6	23.8
Tin	228	~0.06	~0.01
Titanium	665	~1.3	~0.74
Vanadium	661	~0.4	~0.21
Zinc	443	82.8	66.4
Zirconium	660.5	0.28	0.08

(i) A solubilidade sólida máxima ocorre a temperaturas eutécticas para todos os elementos, exceto o crómio, o titânio, o vanádio, o zinco e o zircónio, para os quais ocorre a temperaturas peritecticas.

(ii) Estima-se que a solubilidade sólida a 20 °C seja de aproximadamente 2 wt% para o magnésio e o zinco, 0,1-0,2 wt% para o germânio, o lítio e a prata e inferior a 0,1% para todos os outros elementos. [u'vul]

2.1.5 Propriedades do silício

O silício é o oitavo elemento químico mais comum no universo e é um metaloide tetravalente [1]

Tabela 2.4 Propriedades atómicas e estrutura cristalina do silício^

Symbol	Si
Element Classification	Non-Metal, Metalloid
Atomic Number	14

Atomic weight	28.085
Atomic radius	111pm
Crystal structure	Diamond cubic

Tabela 2.5 Propriedades físicas do silício[c]

Density	2.32 $g.cm^{-3}$
Melting point	1414°C
Boiling point	3265°C
Thermal conductivity	149 $W.m^{-1}.K^{-1}$
Latent heat of fusion	50.21 $kJ.mol^{-1}$

2.2 LIGAS DE ALUMÍNIO

É conveniente dividir as ligas de alumínio em **duas categorias principais:** composições de fundição e composições forjadas. Muitas ligas respondem ao tratamento térmico com base nas solubilidades das fases. Estes tratamentos incluem o tratamento térmico em solução, a têmpera e a precipitação ou endurecimento por envelhecimento. Para ligas fundidas ou forjadas, essas ligas são descritas como tratáveis termicamente. Algumas ligas de fundição não são essencialmente tratáveis termicamente e são utilizadas apenas em condições de fundição ou em condições termicamente modificadas não relacionadas com efeitos de solução ou precipitação. Foram desenvolvidas nomenclaturas para as ligas fundidas e forjadas. O sistema da Associação do Alumínio utiliza nomenclaturas diferentes para as ligas forjadas e fundidas.[1,11]

2.2.1 Sistemas de designação de ligas e temperaturas para alumínio e ligas de alumínio

Para as ligas forjadas, é utilizado um sistema de quatro dígitos para produzir uma lista de famílias de composições forjadas da seguinte forma:[1]

- Ixxx Composições não ligadas (puras) controladas
- 2xxx Ligas em que o cobre é o principal elemento de liga
- 3xxx Ligas em que o manganês é o principal elemento de liga
- 4xxx Ligas em que o silício é o principal elemento de liga
- 5xxx Ligas em que o magnésio é o principal elemento de liga
- 6xxx Ligas em que o magnésio e o silício são os principais elementos de liga
- 7xxx Ligas em que o zinco é o principal elemento de liga, embora possam ser especificados outros elementos como o cobre, o magnésio, o crómio e o zircónio
- 8xxx Ligas incluindo estanho e algumas composições de lítio caracterizando composições diversas
- 9xxx Reservado para utilização futura

Para as ligas fundidas, é utilizado um sistema de três dígitos seguido de um valor decimal para produzir uma lista de famílias de composições de fundição, como se segue:[1,1]

- Ixx.x Composições não ligadas controladas (puras), especialmente para o fabrico de rotores
- 2xx.x Ligas em que o cobre é o principal elemento de liga, mas em que podem ser especificados outros elementos de liga
- 3xx.x Ligas em que o silício é o principal elemento de liga, mas em que são especificados outros elementos de liga, como o cobre e o magnésio
- 4xx.x Ligas em que o silício é o principal elemento de liga
- 5xx.x Ligas em que o magnésio é o principal elemento de liga
- 6xx.x Não utilizado
- *7xx.x* Ligas em que o zinco é o principal elemento de liga, mas em que podem ser especificados outros elementos de liga, como o cobre e o magnésio
- 8xxx Ligas em que o estanho é o principal elemento de liga
- *9xx.x* Não utilizado

2.2.2 Sistema britânico

A maioria das ligas é abrangida pela norma britânica 1490 e as composições para lingotes e peças fundidas são numeradas sem sequência especial e têm o prefixo LM. O estado das peças fundidas é indicado pelos seguintes sufixos:[1, lx]

M as-cast

TB tratado com solução e envelhecido naturalmente (anteriormente designado W)

Solução de TB7 tratada e estabilizada

TE envelhecido artificialmente após a fundição (anteriormente P)

TF tratado com solução e envelhecido artificialmente (anteriormente WP)

TF7 tratado com solução, envelhecido artificialmente e estabilizado (anteriormente WP-especial)

TS termicamente aliviado de tensões.

A ausência de um sufixo indica que a liga está em forma de lingote. Existem também algumas ligas aeroespaciais que são abrangidas separadamente pela série L das normas britânicas.

2.3 CLASSIFICAÇÃO DAS LIGAS DE ALUMÍNIO-SILÍCIO

As ligas Al-Si compreendem 85% a 90% do total de peças de alumínio fundido produzidas.[2j] As ligas com silício como principal adição de liga são as mais importantes das ligas de fundição de alumínio, principalmente devido à elevada fluidez conferida pela presença de volumes relativamente grandes do eutéctico Al-Si. A fluidez é também promovida devido ao elevado calor de fusão do silício (1810 kJ/kg em comparação com 395 kJ/kg para o alumínio) que aumenta a "vida útil do fluido" (ou seja, a distância que a liga fundida pode fluir num molde antes de ficar demasiado fria para continuar a fluir), particularmente em composições hipereutécticas. [3,5] Outras vantagens das peças fundidas com base no sistema Al-Si são a elevada resistência à corrosão, a boa soldabilidade, a baixa gravidade específica e o facto de a fase silício reduzir a contração durante a solidificação e o coeficiente de expansão térmica dos produtos fundidos. [1] No entanto, a maquinagem pode apresentar dificuldades em relação às ligas de alumínio-cobre ou alumínio-magnésio, devido à presença de partículas duras de silício na microestrutura. [4] Todos os tipos de operações de maquinagem são realizados rotineiramente, utilizando ferramentas de carboneto de tungsténio e refrigerantes e lubrificantes adequados.([1]) As ligas comerciais estão disponíveis com composições hipoeutécticas e, menos frequentemente, hipereutécticas. [II]

As ligas Al-Si podem ser classificadas, em termos gerais, nos três grupos seguintes: [24,x]

i) Hipoeutéctico (<11% Si), ii) Eutéctico (1 l-13%Si) e iii) Hipereutético (>13%Si).

2.3.1 Ligas eutécticas e hipoeutécticas de alumínio-silício

O sistema binário Al-Si é um sistema eutéctico simples com cerca de 12% de Si como composição eutéctica a 577°C. [w] O eutéctico é formado entre uma solução sólida de alumínio contendo pouco mais de 1% de silício e silício virtualmente puro como segunda fase. ([25])[26]

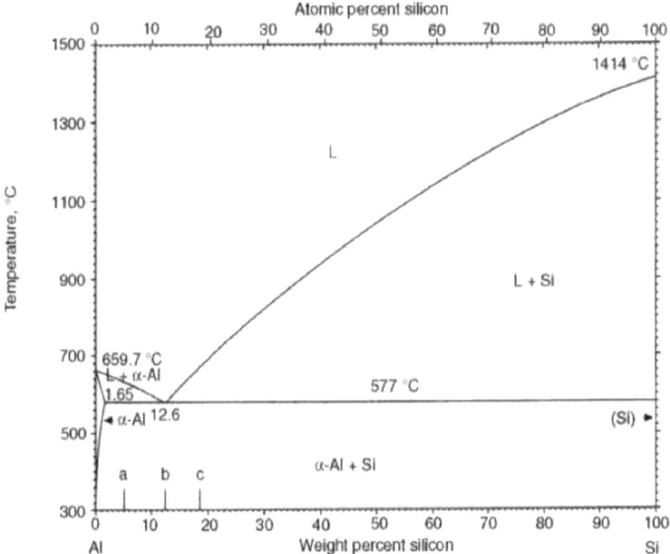

Figura 2.1 Diagrama de fases binário Alumínio-Silício

2.3.2 Ligas hipereutécticas de alumínio-silício

As ligas de alumínio-silício com mais de 12% de silício são designadas ligas de alumínio-silício hipereutécticas. Estas têm uma excelente resistência ao desgaste, um coeficiente de expansão térmica mais baixo e muito boas caraterísticas de fundição. Estas ligas têm uma utilização limitada porque a presença da fase primária de silício, extremamente dura, reduz a vida útil da ferramenta durante a maquinagem. [p?1]Estas ligas têm uma elevada fluidez e uma excelente maquinabilidade em termos de acabamento superficial e de caraterísticas das aparas. Um exemplo típico é a liga 390 (17% silício-4,5% cobre-0,5% magnésio) cujas excelentes caraterísticas de desgaste provocaram um rápido crescimento da sua utilização. [28] É utilizada em pequenos motores, pistões de compressores de ar condicionado, cilindros principais de travões, bombas e outros componentes de transmissões automáticas.[18 29] w

2.4 L. Gráfico M.

2.4.1 Liga de alumínio e seus equivalentes aproximados^[1]

Tabela 2.6 Liga de alumínio e seus equivalentes aproximados

UK / INDIA	ISO	EN AC-	FRANCE	GERMANY	ITALY UNI	USA AA / ASTM	USA SAE	JAPAN
LM 0	Al 99.5		A5		3950	150		
LM 2	Al-Si10Cu2Fe	46 100	A-S9U3-Y4		5076	384	383	ADC 12
LM 4	Al-Si5Cu3	45 200	A-S5U3	G-AlSi6Cu4 -225	3052	319	326	AC 2A
LM 5	Al-Mg5Si1 AlMg6	51 300	AG6	G-AlMg5 -244	3058	514	320	AC 7A
LM 6	Al-Si12 Al-Si12Fe	44 100	AS 13	G-AlSi12 -230	4514	A413		AC 3A
LM 9	Al-Si10Mg	43 100	A-S10G	G-AlSi10Mg -233	3049	A360	309	AC 4A
LM 12	Al-Cu10Si2Mg		A-U10G		3041	222	34	
LM 13	Al-Si12Cu Al-Si12CuFe	48 000	A-S12UN		3050	336	321	AC 8A
LM 20	Al-Si12Cu Al-Si12CuFe	47 000	A-S12-Y4	G-AlSi12(Cu) -231	5079	A413	305	
LM 21	Al-Si6Cu4	45 000	A-S5U2	G-AlSi6Cu4 -225	7369/4	308	326	AC 2A
LM 22	Al-Si5Cu3	45 400	A-S5U	G-AlSi6Cu4 -225	3052	319	326	AC 2A
LM 24	Al-Si8Cu3Fe	46 500	A-S9U3A-Y4	G-AlSi8Cu3 -226	5075 3601	A380	306	AC 4B ADC10
LM 25	Al-Si7Mg	42 000	A-S7G	G-AlSi7Mg	3599	A356	323	AC 4C
LM 26	Al-Si9Cu3Mg-		A-S7U3G		3050	332	332	
LM 27	Al-Si7Cu2Mn0.5	46 600			7369			AC 2B
LM 28	Al-Si19CuMgNi				6251			
LM 29	Al-Si23CuMgNi				6251			
LM 30	Al-Si17Cu4Mg					390		
LM 31	Al-Zn5	71 000	A-Z5G		3602	712	310	

2.4.2 Composição química das ligas[d]

Tabela 2.7 Composição química das ligas (Conforme BS 1490:1988 Std.)

Alloy	Cu	Mg	Si	Fe	Mn	Ni	Zn	Pb	Sn	Ti	Additional Elements	Others
LM 0	0.03	0.03	0.3	0.4	0.03	0.03	0.07	0.03	0.03		Al 99.50 min	
LM 2	0.7 - 2.5	0.3	9.0 - 11.5	1	0.5	0.5	2	0.3	0.2	0.2		0.5
LM 4	2.0 - 4.0	0.2	4.0 - 6.0	0.8	0.2 - 0.6	0.3	0.5	0.1	0.1	0.2		0.2
LM 5	0.1	3.0 - 6.0	0.3	0.6	0.3 - 0.7	0.1	0.1	0.05	0.05	0.2		0.2
LM 6	0.1	0.1	10.0 - 13.0	0.6	0.5	0.1	0.1	0.1	0.05	0.2		0.2
LM 9	0.2	0.2 - 0.6	10.0 - 13.0	0.6	0.3 - 0.7	0.1	0.1	0.1	0.05	0.2		
LM 12	9.0 - 11.0	0.2 - 0.4	2.5	1	0.6	0.5	0.8	0.1	0.1	0.2		0.2
LM 13	0.7- 1.5	0.8 - 1.5	10.5 - 13.0	1	0.5	1.5	0.5	0.1	0.1	0.2		
LM 20	0.4	0.2	10.0 - 13.0	1	0.5	0.1	0.2	0.1	0.1	0.2		
LM 21	3.0 - 5.0	0.1 - 0.3	5.0 - 7.0	1	0.2 - 0.6	0.3	2	0.2	0.1	0.2		
LM 22	2.8 - 3.8	0.05	4.0 - 6.0	0.6	0.2 - 0.6	0.15	0.15	0.1	0.05	0.2		
LM 24	3.0 - 4.0	0.3	7.5 - 9.5	1.3	0.5	0.5	3	0.3	0.2	0.2		
LM 25	0.2	0.2 - 0.6	6.5 - 7.5	0.5	0.3	0.1	0.1	0.1	0.05	0.2		
LM 26	2.0 - 4.0	0.5 - 1.5	8.5 - 10.5	1.2	0.5	1	1	0.2	0.1	0.2		
LM 27	1.5 - 2.5	0.35	6.0 - 8.0	0.8	0.2 - 0.6	0.3	1	0.2	0.1	0.2		
LM 28	1.3 - 1.8	0.8 - 1.5	17.0 - 20.0	0.7	0.6	0.8 - 1.5	0.2	0.1	0.1	0.2		
LM 29	0.8 - 1.3	0.8 - 1.3	22.0 - 25.0	0.7	0.6	0.8 - 1.3	0.2	0.1	0.1	0.2		
LM 30	4.0 - 5.0	0.4 - 0.7	16.0 - 18.0	1.1	0.3	0.1	0.2	0.1	0.1	0.2		
LM 31	0.1	0.5 - 0.75	0.25	0.5	0.1	0.1	4.8 - 5.7	0.05	0.05	0.2		

2.4.3 Liga de alumínio e sua utilização final recomendada[d]

Quadro 2.8 Liga de alumínio e sua utilização final recomendada

LM 0	Alloy suitable for Sand Casting, components for Electrical, Chemical and Food Processing Industries.
LM 2	One of the two most widely used alloys for all types of die-castings.
LM 4	The most versatile of the alloys, has very good casting characteristics and issued for a very wide range of applications. Strength and Hardness can be greatly increased by Heat Treatment.
LM 5	Suitable for Sand and Chill Castings requiring maximum corrosion resistance i.e. castings of marine application.
LM 6	Suitable for large, intricate and thin walled castings in all types of moulds, also used where corrosion resistance or ductility is required.

LM 9	Used for applications especially low pressure die casting requiring the characteristics of LM 6 with higher tensile strength after heat treatment.
LM 12	Mainly used for sand and chill castings requiring high strength and shock resistance. Requires special foundry techniques and heat treatment.
LM 13	Mainly used for piston and applications where thermal stresses are more. This alloy can withstand higher temperatures and loads. It has good wear resistance properties and machinability. Requires heat treatment.
LM 20	Mainly used for pressure die casting. Similar to LM 6 but with better machinability and hardness.
LM 21	Generally similar to LM 4M in character and application but better machinability and proof strength.
LM 22	Used for chill castings requiring good foundry characteristics and good ductility. Requires heat treatment.
LM 24	Suitable for large, intricate and thin walled castings in all types of moulds, also used where corrosion resistance or ductility is required.
LM 25	Suitable where good corrosion resistance combined with thermal properties are required. Strength is attained by heat treatment.
LM 26	Mainly used for pistons as alternate to LM 13.
LM 27	A versatile sand and chill cast alloy introduced as an alternative to LM 4 and LM 21.
LM 28	Piston alloy with lower coefficient of thermal expansion than LM 13. This alloy use requires special foundry technique.
LM 29	Same characteristics as LM 28 but with still lower coefficient of thermal expansion than LM 28.
LM 30	For unlined die cast cylinder blocks with low expansion and excellent wear resistance.

2.5 LM 28

2.5.2 Composição química do LM 28[e]

Tabela 2.9 Composição química nominal das ligas Al-Si

Alloy	Element (wt. %)				
	Si	Ni	Cu	Mg	Al
Hypereutectic Alloy (LM 28)	17.0 - 20.0	0.8 - 1.5	1.3 - 1.8	0.8 - 1.5	Balance

2.5.3 Propriedades mecânicas

Tabela 2.10 Propriedades mecânicas do LM 28 - TE (endurecido por precipitação)

	LM28-TE
	Chill Cast
0.2% Proof Stress (N/mm^2)	-
Tensile Stress (N/mm^2)	170
Elongation (%)	0.5
Impact Resistance Izod (Nm)	-
Brinell Hardness	90-130
Endurance Limit ($5x10^7$ cycles; N/mm^2)	-
Modulus of Elasticity ($x10^3$ N/mm^2)	82
Shear Strength (N/mm^2)	-

Tabela 2.11 Propriedades mecânicas do LM28-TF (totalmente tratado termicamente)

	LM28-TF	
	Sand Cast	**Chill Cast**
0.2% Proof Stress (N/mm^2)	-	160-190
Tensile Stress (N/mm^2)	120	190
Elongation (%)	0.5	0.5
Impact Resistance Izod (Nm)	-	-
Brinell Hardness	100-140	100-140
Endurance Limit ($5x10^7$ cycles; N/mm^2)	-	-
Modulus of Elasticity ($x10^3$ N/mm^2)	82	82
Shear Strength (N/mm^2)	-	-

2.5.3 Propriedades físicas

Tabela 2.12 Propriedades físicas da liga LM28

Coefficient of Thermal Expansion (per°C at 20-100°C)	0.0000175
Coefficient of Thermal Expansion (per°C at 20-300°C)	0.0000195
Thermal Conductivity (cal/cm 2 /cm/°C at 25°C)	0.26 - 0.29
Electrical Conductivity (% copper standard at 25°C)	-
Density (g/cm^3)	2.68
Freezing Range (°C) approx	675 – 520

2.5.4 Tratamento térmico

No caso dos pistões, o tratamento térmico utilizado depende, em certa medida, das condições de serviço e dos requisitos do pistão em causa.

LM28-TF (tratamento térmico completo) - aquecimento durante 4 horas a 500°C, arrefecimento com jato de ar, seguido de endurecimento por precipitação durante 8 horas a 185°C.

LM28-TE (envelhecido artificialmente) - aquecer a 185°C durante um período de tempo adequado para obter as propriedades desejadas.

2.5.5 Aplicações

O LM28 é utilizado em pistões para motores de combustão interna de elevado desempenho, onde se pode tirar partido do seu baixo coeficiente de expansão térmica e da sua elevada resistência ao desgaste L J

2.6 EFEITOS DA LIGA

O alumínio puro tem baixa resistência e dureza. A sua maquinabilidade é fraca. A sua ductilidade é boa e a resistência à corrosão é excelente. No estado fundido, as propriedades mecânicas são da ordem dos 8-10 kg/mm^2 de resistência à tração, 4-5 kg/mm(2) de tensão de cedência, 25-40 % de alongamento e 20-25 de dureza Brinell. As peças fundidas de alumínio puro são utilizadas principalmente devido à sua elevada ductilidade e condutividade eléctrica e térmica. [1, "^ As caraterísticas de fundição do alumínio comercialmente puro são fracas. A liga com outros elementos melhora as propriedades mecânicas e as caraterísticas de fundição do alumínio.

Os elementos de liga mais comuns são o silício, o cobre e o magnésio. Outros elementos menos comuns são o manganês, o ferro, o zinco, o níquel, o estanho e o titânio. Em geral, a percentagem total de todos os elementos de liga é limitada a cerca de 15%. Para além deste valor, a liga torna-se cada vez mais frágil.

O efeito dos elementos de liga é aumentar a fluidez da liga fundida e aumentar a resistência e a dureza da peça fundida. A maquinabilidade também melhora. A ductilidade, a condutividade eléctrica e térmica, a resistência ao impacto e a resistência à corrosão são reduzidas[30].

2.6.1 Papel dos elementos de liga nas ligas de alumínio

Os elementos de liga e as impurezas mais importantes são aqui enumerados: [f 311

Crómio:

O crómio ocorre como uma impureza menor no alumínio de pureza comercial (5 a 50 ppm). Tem um grande efeito na resistividade eléctrica do . O crómio é uma adição comum a muitas ligas dos grupos alumínio-magnésio, alumínio-magnésio-silício e alumínio-magnésio-zinco, nas quais é adicionado em quantidades geralmente não superiores a 0,35%. Se exceder estes limites, tende a formar constituintes muito grosseiros com outras impurezas ou adições, como o manganês, o ferro e o titânio. O crómio tem uma taxa de difusão lenta e forma fases dispersas finas em produtos forjados. Estas fases dispersas inibem a nucleação e o crescimento do grão. O crómio é utilizado para controlar a estrutura do grão, para impedir o crescimento do grão em ligas de alumínio-magnésio e para impedir a recristalização em ligas de alumínio-magnésio-silício ou alumínio-magnésio-zinco durante o trabalho a quente ou o tratamento térmico.

Cobre:

As ligas de alumínio-cobre contendo 2 a 10% de Cu, geralmente com outras adições, formam importantes famílias de ligas. A adição de cobre aumenta a resistência e a dureza da liga até que o cobre atinja aproximadamente 12%. Uma maior adição de cobre torna a liga demasiado frágil. Tanto as ligas de alumínio-cobre fundidas como as forjadas respondem ao tratamento térmico em solução e ao envelhecimento subsequente com um aumento da resistência e da dureza e uma diminuição do alongamento. O reforço é máximo entre 4 e 6% de Cu, dependendo da influência de outros constituintes presentes. [p2]

Ferro:

O ferro é a impureza natural mais comum encontrada em todas as ligas de alumínio. Tem uma elevada solubilidade no alumínio fundido e, por conseguinte, é facilmente dissolvido em todas as fases de produção do alumínio fundido. A solubilidade do ferro no estado sólido é muito baixa (-0,04%) e, por conseguinte, a maior parte do ferro presente no alumínio acima desta quantidade aparece como uma segunda fase intermetálica em combinação com o alumínio e, frequentemente, com outros elementos. Pequenas percentagens de ferro aumentam a resistência e a dureza de certas ligas e também reduzem a tendência para a fissuração a quente. t^

Magnésio:

O magnésio é o principal elemento de liga da série 5xxx de ligas. A sua solubilidade sólida máxima no alumínio é de 17,4%, mas o teor de magnésio nas ligas forjadas actuais não excede 5,5%. As ligas de alumínio-magnésio têm excelentes propriedades mecânicas, resistência à corrosão e maquinabilidade. A sua resistência ao impacto, soldabilidade e ductilidade são também superiores.[j41]

Níquel:

A solubilidade sólida do níquel no alumínio não excede 0,04%. Acima desta quantidade, está presente como um intermetálico insolúvel, geralmente em combinação com o ferro. O níquel (até 2%) aumenta a resistência do alumínio de alta pureza, mas reduz a ductilidade. As ligas binárias de alumínio-níquel já não são utilizadas, mas o níquel é adicionado às ligas de alumínio-cobre e alumínio-silício para melhorar a dureza e a resistência a temperaturas elevadas e para reduzir o coeficiente de expansão.

Silício:

O silício, depois do ferro, é o nível de impureza mais elevado no alumínio comercial eletrolítico (0,01 a 0,15%). Nas ligas forjadas, o silício é utilizado com magnésio em níveis até 1,5% para produzir Mg_2Si na série 6xxx de ligas tratáveis termicamente.

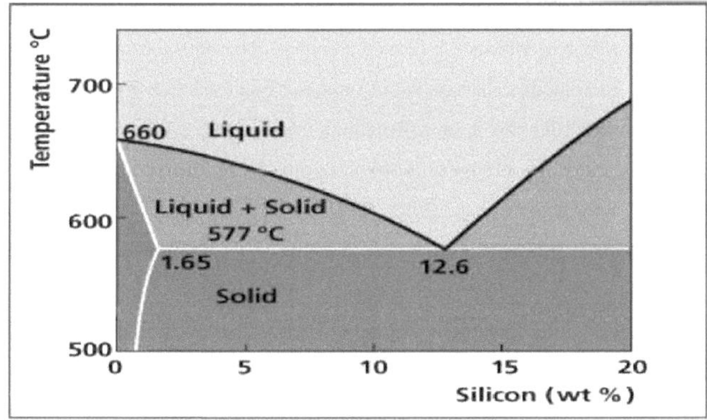

Figura 2.2 Diagrama de fases do sistema Al-Si

O diagrama de fases do sistema Al-Si, apresentado na figura, mostra que a solubilidade do silício no alumínio sólido é de cerca de 1,3%, a 200 °C. A 25 °C é de 0,05%. O silício não forma qualquer composto com o alumínio e, por conseguinte, está presente na estrutura das ligas sob a forma de inclusão de silício livre ou como um eutéctico binário a + Si. A quantidade do eutéctico e a sua temperatura de fusão dependem consideravelmente da taxa de solidificação: quanto maior for esta taxa, maior será o teor de Si no eutéctico.

Zinco:

As ligas de alumínio-zinco são conhecidas há muitos anos, mas a fissuração a quente das ligas de fundição e a suscetibilidade à fissuração por corrosão sob tensão das ligas forjadas limitaram a sua utilização. As ligas de alumínio-zinco contendo outros elementos oferecem a mais elevada combinação de propriedades de tração nas ligas de alumínio forjado.

Titânio:

O titânio não é um elemento de liga. É normalmente adicionado às ligas de alumínio fundidas, pouco antes do vazamento, como um refinador de grão. É adicionado na gama de 0,005-0,10% sob a forma de uma liga principal contendo 2,5-5,0% de titânio.[3y

Manganês:

As ligas binárias de alumínio-manganês não são utilizadas na fundição. Pequenas quantidades de manganês são adicionadas em ligas complexas de alumínio. O manganês forma um composto complexo com o alumínio e o ferro e altera a forma dos constituintes do ferro de uma estrutura tipo placa para a de "escrita chinesa", o que resulta numa melhoria da ductilidade e da resistência ao impacto da liga. [36ij7]

2.7 MODIFICAÇÃO

As ligas binárias Al-Si são as ligas de fundição comerciais mais importantes. Elas oferecem uma excelente capacidade de fundição. [3X] Quando se procede à fundição em molde permanente de ligas Al-Si, é necessário modificar o eutéctico para melhorar a resistência, a ductilidade, a pressão

A solidificação lenta das ligas Al-Si resulta numa microestrutura grosseira em que o eutéctico é constituído por grandes placas ou agulhas de silício na matriz contínua de alumínio. Esta morfologia do silício é geralmente designada por silício acicular. Como as placas grosseiras de silício são frágeis, a liga eutéctica apresenta baixa ductilidade e resistência à tração. O arrefecimento rápido, como ocorre durante a fundição em molde permanente, refina muito a microestrutura e a fase de silício assume uma forma fibrosa, o que resulta numa melhoria significativa da ductilidade e da resistência à tração. [39] O eutéctico pode também ser refinado pelo processo conhecido como **modificação. A modificação** define-se como a conversão da estrutura acicular do silício eutéctico em silício eutéctico fibroso/globular fino, que de outro modo existiria sob a forma de uma morfologia semelhante a uma grande placa/agulha. O silício eutéctico não modificado está presente sob a forma de partículas poliédricas grosseiras e, consequentemente, a peça fundida apresenta fracas propriedades mecânicas.

As partículas de silício da segunda fase afectam a tenacidade, a resistência, a ductilidade e as propriedades tribológicas. O refinamento do alumínio primário, do silício e da mistura eutéctica melhora as propriedades mecânicas. A adição de vários modificadores à massa fundida dificulta a nucleação do silício. A solidificação é, por conseguinte, suprimida a temperaturas mais baixas, onde a taxa de nucleação é elevada. [40-42]

2.7.1 Necessidade de alteração (problema com o silício)

O silício tem uma solubilidade muito baixa no alumínio, precipita-se como silício puro, que é duro e, por conseguinte, melhora a resistência à abrasão. O silício tem uma estrutura cristalina de diamante e é muito frágil. A presença de placas de silício em bruto é prejudicial para as propriedades mecânicas. O eutéctico Al-Si é um eutéctico irregular e acoplado e o silício é a fase principal nas ligas não modificadas. A morfologia do silício pode ser alterada para uma estrutura fibrosa através de tratamento de modificação, o que pode melhorar as propriedades mecânicas da liga. O eutéctico alumínio-silício é um eutéctico anómalo porque
A microestrutura do Si na liga binária Al-Si depende do nível de pureza do Al. [25,26] A microestrutura do Si na liga binária Al-Si depende do nível de pureza do Al. No sistema Al-Si, o silício é um não-metal, que tem ligações covalentes direcionadas. Por conseguinte, a fase de silício tende a crescer anisotropicamente para dar origem a cristais facetados. [43,45]A fase de silício necessita de mais subarrefecimento para a sua nucleação do que a fase isotrópica de alumínio. O Si tem uma forma poliédrica e o Si eutéctico tem uma forma acicular grosseira. A presença de uma forma acicular grosseira é altamente prejudicial, uma vez que as agulhas actuam como fontes de tensão e conduzem à rutura prematura[46]

O importante papel do silício como ingrediente de liga:

Para além do silício, desempenha as seguintes funções: [47]

- O elevado calor de fusão do silício contribui imenso para a "fluidez" ou "vida fluida" de uma liga. Melhora a fluidez.
- Supressão do ponto de fusão devido à adição de silício, reduzindo assim a contração na solidificação.
- Quanto mais silício uma liga contém, mais baixo é o seu coeficiente de expansão térmica.
- O silício é uma fase muito dura, pelo que contribui significativamente para a resistência ao desgaste de uma liga.
- O Si possui baixa densidade e, por conseguinte, diminui a densidade global da peça fundida.
- Melhora a resistência à tração e a dureza.
- O silício pode causar um aumento permanente nas dimensões de uma peça fundida (chamado "crescimento") se a peça não for estabilizada termicamente antes de ser colocada em serviço a temperaturas elevadas. [48]

2.7.2 Modificação eutéctica

O mecanismo pelo qual o eutéctico se forma e cresce é importante. Durante a solidificação das ligas de alumínio e silício, primeiro crescem as dendrites primárias. Depois de as dendrites colidirem umas com as outras, a mobilidade das dendrites é restringida. O transporte de massa para compensar a contração ocorre principalmente por alimentação interdendrítica. Isto envolve o fluxo de líquido eutéctico. Assim, a origem e o crescimento da eutéctica são de grande importância para o fluxo de fluido. Assim, o mecanismo de formação do eutéctico ajuda a analisar a resistência ao fluxo da fusão e a eficiência da alimentação. O eutéctico alumínio-silício sofre uma alteração na morfologia após a adição de certos elementos, por exemplo, estrôncio ou sódio.

Este processo é frequentemente designado por **modificação eutéctica.** [9141]A liga não tratada contém a fase de silício sob a forma de grandes placas com lados e extremidades afiadas. A adição de pequenas quantidades de Na faz com que o silício eutéctico solidifique com uma morfologia fina e globular. Vários elementos são conhecidos por causar modificação. A lista inclui elementos dos grupos IA, IIA e terras raras. [49]O sódio é mais eficaz na produção de uma estrutura fina, fibrosa e uniforme. Os modificadores são eficazes a níveis de concentração muito baixos. [50'53]

2.7.3 Tipos de alteração

A modificação do eutéctico Al-Si de uma estrutura de silício em flocos para uma estrutura de silício fibroso fino pode ser conseguida de duas formas diferentes:-[48,54]

1) Por adição de vestígios de certos elementos (modificação química induzida) ou ii) Com uma taxa de arrefecimento rápida (modificação por arrefecimento).

2 .7.3.1 Modificação induzida quimicamente

A modificação induzida quimicamente resulta numa estrutura fibrosa ou em flocos finos. Vários elementos foram utilizados para produzir uma estrutura fibrosa de silício eutéctico, incluindo o estrôncio (Sr), o sódio (Na), o potássio (K), o cálcio (Ca) e o cério (Ce). Os elementos que produzem uma estrutura de flocos refinados são o antimónio (Sb), o arsénio (As) e o selénio (Se).[55]

2.73.2 Modificação do arrefecimento

A estrutura modificada pode também ser obtida por arrefecimento rápido, sendo o processo geralmente referido como **modificação por arrefecimento.** A congelação rápida pode resultar na modificação do silício eutéctico para uma estrutura fibrosa, na ausência de modificadores químicos. São necessárias taxas de congelação superiores a 50oC/seg., o que ocorre em peças de paredes finas produzidas por fundição injectada a alta pressão. As secções pesadas dessas peças fundidas beneficiam ainda de alguma modificação química[56].

2.7.4 Mecanismo de modificação

Foram apresentadas várias teorias para explicar o mecanismo de modificação. Basicamente, existem duas classes de teorias sobre o mecanismo de modificação. São elas:- [7,571

1) Teoria da nucleação restrita e ii) Teoria do crescimento restrito.

De acordo com a **teoria da nucleação restrita,** o Na neutraliza os núcleos heterogéneos de A1P ou reduz o coeficiente de difusão do Si na massa fundida. Assim, o sub-arrefecimento da massa fundida antes da solidificação eutéctica é reforçado e ocorre o refinamento da estrutura eutéctica.

De acordo com as **teorias de crescimento restrito,** a adsorção de Na ocorre preferencialmente em sulcos reentrantes gémeos ou superfícies de crescimento da fase Si, inibindo o crescimento do Si e produzindo assim a estrutura modificada. Uma alteração importante que ocorre com a adição de modificador e o numero de gémeos. A estrutura de silício não modificada tem muito poucos ou nenhuns gémeos, mas a adição de modificador aumenta o número de gémeos. Nas estruturas eutécticas Al-Si, a fase de alumínio e a fase de silício crescem de forma competitiva. A alteração da morfologia do Si pode resultar de factores que afectam a nucleação e/ou o crescimento do Al ou do Si.

Mecanismo dos investigadores:- O mecanismo dos investigadores

Li Qiyang e colaboradores propuseram o seguinte mecanismo de modificação. As adições convencionais de Na aumentam a atividade do alumínio, levando-o a nuclear-se a uma temperatura mais elevada e a desenvolver-se na fase primária. O alumínio eutéctico cresce epitaxialmente a partir do Al sem necessidade de renucleação. O Na é adsorvido no sulco reentrante duplo ou nas superfícies de crescimento do Si eutéctico. Ao neutralizar parte das ligações suspensas na superfície do Si e ao provocar a descontinuidade estrutural da rede cristalina do Si, a adsorção de Na diminui a atividade da superfície de crescimento do Si. Assim, o Na irá envenenar os embriões de Si durante a nucleação eutéctica e restringir o crescimento do Si durante o crescimento eutéctico. Existe um equilíbrio dinâmico entre a adsorção e a concentração de Na na massa fundida. Quando a concentração de Na na massa fundida é inferior à que se encontra em equilíbrio com a adsorção saturante, resulta numa modificação imperfeita. Quando a massa fundida é exposta ao ar, o Na volatiliza-se rapidamente, causando uma diminuição rápida da concentração na massa fundida. A adsorção é independente da taxa de crescimento eutéctico.

Se a concentração de Na na massa fundida for suficientemente elevada para a sua adsorção saturante, ocorrerá uma modificação perfeita mesmo com taxas de arrefecimento muito baixas. Assim, o efeito de modificação do Na é insensível à taxa de arrefecimento da massa fundida. Assim, na fase de nucleação, o Na inibe o desenvolvimento de embriões de Si em núcleos do eutéctico. Além disso, promove a nucleação de Al a temperaturas mais elevadas e o rápido crescimento em dendritos primários de Al. Na fase de crescimento eutéctico, o Na restringe o crescimento do Si e faz com que o Al eutéctico cresça antes do Si eutéctico. Nesta condição, o Si só pode crescer, por gémeo, através dos canais entre as células do Al. Como resultado, forma-se no final uma estrutura modificada com Si eutéctico fibroso. Assim, a adsorção de Na desempenha um papel muito importante no processo de modificação. [7,57]

Shankar et al. propuseram que as ligas comerciais de alumínio-silício para fundição contêm invariavelmente quantidades significativas de ferro, que desempenham um papel importante na nucleação das fases eutécticas nestas ligas. Teores relativamente elevados de ferro promovem a formação da fase P-(Al, Si, Fe) contendo ferro. Nas ligas hipoeutécticas Al-Si não modificadas, o silício eutéctico nucleia nestas partículas p-(Al, Si, Fe) antes da nucleação do Al eutéctico, o que resulta no crescimento livre do silício no líquido eutéctico com a sua morfologia típica de placa. Por outro lado, em ligas Al-Si hipoeutécticas quimicamente modificadas, o crescimento da fase 0-(Al, Fe, Si) é interrompido, resultando num grande número de grãos de Al eutécticos equiaxiais que nucleiam antes da nucleação do silício eutéctico e, por conseguinte, o silício é forçado a crescer entre os grãos de Al eutéctico, adquirindo uma morfologia fibrosa, tipo vassoura. Este padrão de crescimento é auxiliado pela capacidade do silício de se geminar facilmente e o crescimento prossegue com o mecanismo de borda reentrante de plano duplo. ([58])'59]

Ma khlouf et al. propuseram que a nucleação das fases eutécticas em ligas hipoeutécticas Al-Si se processa como ilustrado esquematicamente na Fig. Durante a solidificação, a fase de alumínio primário forma-se como dendritos à temperatura de liquidus da liga. [16,60]

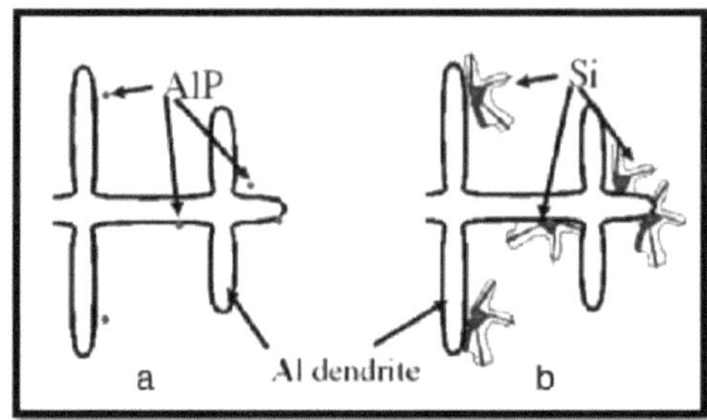

Figura 2.3 a) Segregação de A1P durante o crescimento de dendrites de Al, b) Partículas de A1P como locais de nucleação para cristais de silício poliédricos.

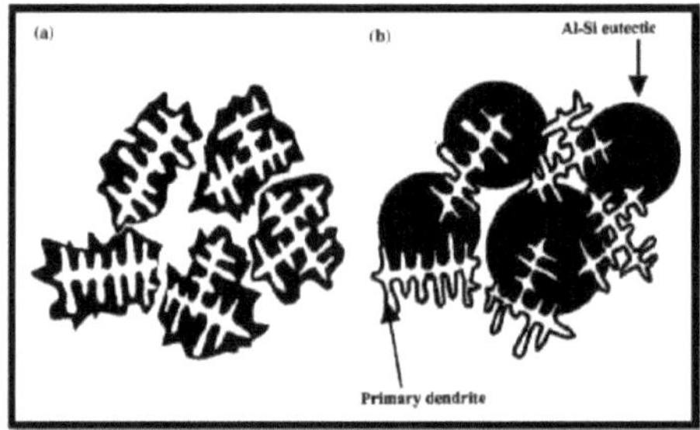

Figura 2.4 Modos de solidificação eutéctica em ligas hipoeutécticas de alumínio-silício: (a) nucleação e crescimento em dendritos primários de alumínio; (b) nucleação heterogénea independente no líquido interdendrítico

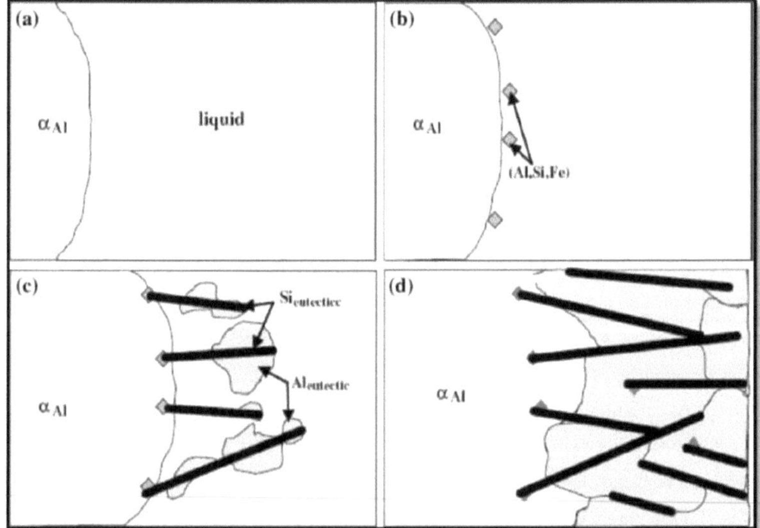

Figura 2.5 Sequência de eventos durante a nucleação de fases eutécticas em Al-Si ligas hipoeutécticas: (a) crescimento de dendritos de Al, (b) nucleação da fase 0-(Al, Si, Fe), (c) nucleação de

Si eutéctico na fase P-(A1, Si, Fe) no campo de soluto antes do alumínio primário, nucleação de Al eutéctico no Si eutéctico, e crescimento Vdo Al eutéctico; (d) colisão de dendritos e grãos de Al eutéctico resultando na paragem

d) Impacto de dendritos e grãos de Al eutéctico, resultando na paragem do crescimento dos dendritos e na continuação da nucleação e crescimento das fases eutécticas.

Segue-se a evolução de uma fase secundária p-(Al, Si, Fe) a uma temperatura entre a temperatura liquidus e a temperatura eutéctica da liga, dependendo da concentração de Fe na liga. À temperatura eutéctica, e a um subarrefecimento de 0,4-0,8 °C, o silício eutéctico nucleia na fase p-(Al, Si, Fe) secundária no campo de soluto, à frente dos dendritos de alumínio em crescimento.

Uma vez nucleado, o silício eutéctico cresce como flocos no líquido eutéctico. O líquido que envolve os flocos de silício eutéctico enriquece-se com alumínio à medida que se vai esgotando o silício; consequentemente, o alumínio eutéctico nucleia e cresce nos bordos e pontas dos flocos de silício eutéctico. Por fim, as dendrites de alumínio param de crescer quando entram em contacto com os grãos de alumínio eutéctico em crescimento. ([61],[62])

Tabela 2.13 Classificação típica das microestruturas modificadas

Class number	Structure	Description
1	Fully unmodified	Si is present in the form of large plates as well as in acicular form.
2	Lamellar	A finer lamellar structure, though some acicular Si may be present (but no large plates).
3	Partially modified	The lamellar structure starts to break up into smaller pieces.
4	Absence of lamellae	Complete disappearance of lamellar phase. Some acicular phase still may be present.
5	Fibrous Si eutectic (Fully modified)	The acicular phase is completely absent.
6	Very fine eutectic (super modified)	The fibrous Si becomes so small that individual particles cannot be resolved under optical micro

2.7.5 Outros aspectos da modificação

2.7.5.1 Sobremodificação

Existe um nível ótimo de modificador para produzir uma determinada microestrutura. Qualquer nível superior ao ótimo resulta em sobremodificação. A sobremodificação com Na tem lugar se a concentração de Na exceder 0,018-0,020%. O engrossamento do Si ocorre durante a sobremodificação com Na. O aumento do Si e a reversão do Si fibroso fino para uma forma de placa interligada ocorrem com a sobremodificação com Sr. Para além disso, começam a formar-se fases intermetálicas de Sr.

2.7.5.2 Desvanecimento

Dois tipos de reacções químicas na massa fundida podem causar o desvanecimento dos modificadores. São eles:

1. Vaporização do modificador devido à elevada pressão de vapor a temperaturas de fusão e
2. Oxidação do modificador devido a uma afinidade química excessiva com o oxigénio.

No segundo caso, embora o modificador permaneça na massa fundida, estará numa forma quimicamente combinada e, por conseguinte, será ineficaz como modificador.

O primeiro é o importante mecanismo de desvanecimento do sódio. O Na ferve facilmente a partir da fusão. No entanto, se o Na se dissolver uma vez, não se oxida facilmente. Quando se utiliza Na metálico, é possível obter recuperações de cerca de 25% imediatamente após a adição. A fundição deve ser efectuada no prazo de 30-40 minutos após o tratamento da massa fundida com sódio. É desejável que o rácio entre a área da superfície de fusão e o volume de fusão seja elevado para reduzir o desvanecimento. A agitação aumenta o desvanecimento. A desgaseificação não é recomendada após o tratamento com Na.[7]

2.7.6 Variáveis de modificadores

Existem diversas variáveis que afectam a evolução da microestrutura. Estas incluem:

- Tipo e quantidade de modificadores
- Impurezas presentes na massa fundida
- Taxa de congelação
- Parâmetros de processamento
- Teor de silício das ligas

Taxas de arrefecimento e de congelação mais elevadas seriam bifaciais para a modificação e, por conseguinte, uma menor quantidade de modificadores seria suficiente a uma taxa de arrefecimento elevada[63].

O teor de silício nas ligas desempenha um papel importante na determinação da quantidade de modificadores necessários. As ligas hipoeutécticas requerem uma menor quantidade de modificadores do que as ligas hipereutécticas e eutécticas. As impurezas presentes na massa fundida também podem causar o tratamento da massa fundida. Alguns elementos como o P e o Sb. Etc dificultam a ação do modificador na massa fundida.

2.7.7 Modificadores comuns e suas caraterísticas

Alguns dos modificadores comuns que são habitualmente utilizados e as suas caraterísticas:[64, 65]

2.7.7.1 Estrôncio [66 67]

O estrôncio produz uma estrutura de silício eutéctico fibroso semelhante à produzida pela modificação de Na. O Sr é muito menos volátil do que o Na e é considerado um modificador semi-permanente.

Quadro 2.14 Vantagens e desvantagens do modificador de estrôncio

Advantages	Disadvantages
• High recovery rate (80–90%).	• Relatively high cost.
• Can be added to the melt easily.	• Reported to increase gas levels of melt.
• Effective over a wide concentration range.	
• Survives in melt for long holding times.	
• Less sensitive to over-modification.	
• Castings have smooth appearance.	
• Available in convenient master alloy form.	
• No reaction with refractories.	
• No environmental problems.	

2.7.7.1 Sódio [4]

O Na foi o primeiro elemento utilizado para modificar comercialmente as ligas Al-Si. É um modificador extremamente eficaz que requer apenas pequenos níveis (<0,007%) para obter uma modificação completa. Devido às desvantagens da modificação com Na (volatilidade e reatividade), a sua utilização está a ser reduzida em favor do Sr.

Quadro 2.15 Vantagens e desvantagens do modificador de sódio

Advantages	Disadvantages
•Has been used successfully for many years as a modifier.	• The high volatility of Na results in low recoveries (10 - 50%) and rapid fade from the melt.
• Provides good modification at low	• Physical danger in handling due to

addition levels irrespective of Si content.	its reactiveness to moisture.
	• Na is prone to overmodification.
	• Thick oxide skin formed on liquid surface reduces fluidity and may become entrained in casting.
	• Na tends to form a 'scaly' or rough surface on castings.
	• Na is aggressive to mould coatings.

2.7.73 Antimónio [68]

A modificação do Sb produz uma estrutura eutéctica refinada em forma de flocos, em vez da estrutura fibrosa das ligas modificadas com Sr ou Na. Ao contrário do Sr e do Na, uma vez adicionado à fusão do alumínio, permanece como um constituinte permanente da liga de alumínio.

Quadro 2.16 Vantagens e desvantagens do modificador de antimónio

Advantages	Disadvantages
• Does not fade.	• Reacts with Sr and Na reducing the effectiveness of these modifiers.
• Not sensitive to regassing.	• Sb is a toxic material and it can react with hydrogen dissolved in the metal to form deadly stabine gas.
• Suitable for parts which are prone to porosity formation.	• Can reduce mechanical properties, particularly in the slower solidifying regions of a casting.
	• Less effective than Na and Sr requiring a greater amount of modifier for a lesser degree of modification.

2.8 REFINAMENTO DO GRÃO

O refinamento de grão é o controlo da dimensão do grão da fase primária que cristaliza durante a solidificação através do controlo da nucleação e do crescimento dessa fase. [8]O refinamento de grãos melhora a resistência ao rasgamento a quente, reduz os efeitos nocivos da porosidade gasosa e redistribui a porosidade de retração. Uma taxa de arrefecimento mais rápida promove geralmente um tamanho de grão pequeno, t[69'701]

No entanto, o refinamento do grão pode resultar numa redução da fluidez e da capacidade de enchimento do molde, uma vez que a melhor nucleação do grão resultante pode impedir o fluxo contínuo de massa líquida durante um processo de fundição. A adição de certos elementos às ligas de alumínio fundidas pode fornecer núcleos para o crescimento do grão. (O titânio, em associação com o boro, tem um poderoso efeito de nucleação e é o refinador de grão mais comummente utilizado.[54,73]

2.8.1 Mecanismo de refinamento de grãos

Existem dois mecanismos distintos de refinação do grão que influenciam o tamanho do grão no produto solidificado. [74,77]

1) Nucleação de a-Al ii) Restrição do crescimento

O primeiro é a nucleação de a-Al primário em núcleos, que são fornecidos pela introdução de um refinador químico de grãos na fusão líquida. O segundo é o grau de super-resfriamento constitucional na frente de crescimento do a-Al. [XI]

Nucleação de a-Al:-

A constituição da massa fundida é o estado de nucleação da massa fundida, incluindo os seus núcleos herdados, estranhos e heterogéneos. A correspondência da rede é uma caraterística importante de qualquer partícula nucleante. No entanto, a correspondência da rede, por si só, não é responsável pela eficácia dos nucleantes. Outros factores que contribuem incluem efeitos químicos, bem como segregação e rugosidade da superfície. Uma quantidade controlada de núcleos heterogéneos activos deve ser introduzida imediatamente antes da fundição para estabelecer um potencial de nucleação suficiente na massa fundida para refinar a estrutura da fundição. O inoculante é um material adicionado imediatamente antes do vazamento da peça fundida e pode ser na forma de uma liga-mãe, um fluxo de sal, um fluxo em comprimidos ou uma liga-mãe em comprimidos. Uma vez formados, os núcleos heterogéneos decompõem-se frequentemente por reação com outros elementos dissolvidos na massa fundida. Os núcleos heterogéneos depositar-se-ão no fundo do forno se crescerem demasiado enquanto o banho fundido é mantido no forno. Qualquer um destes mecanismos causará um fenómeno chamado desvanecimento, no qual a potência do tratamento de inoculação se perde gradualmente durante um período de retenção.[78]

Restrição do crescimento:-

Uma vez que o a-Al tenha sido nucleado, ocorre o crescimento. A restrição do crescimento, a terceira fase do refinamento do grão, é tão significativa como o controlo da nucleação na obtenção de um tamanho de grão fino na peça fundida. A maior parte das impurezas e a combinação adequada de elementos de liga na massa fundida proporcionarão efetivamente uma restrição de crescimento através do super arrefecimento constitucional da massa fundida durante a solidificação. A restrição efectiva do crescimento proporcionará uma estrutura equiaxial de grão fino na secção de fundição.[77]

2.8.2 Vantagem do refinador de grãos

- Os grãos finos garantem uma elevada tenacidade e resistência.
- Distribuição uniforme da fase 2nd e microporosidade de escala fina resultando numa melhor maquinabilidade.
- Bom acabamento superficial. [79]
- Melhoria da alimentação e redução da segregação química. [80]

Os refinadores de grão mais comuns utilizados são Al-Ti, Al-Ti-C, Al-Ti-B para fundir antes da fundição para promover o refinamento. O Al-Ti-B é o mais utilizado com rácios Ti: B que variam de 3:1 a 50:1. [54,81,83]

2.9 PRÁTICAS DE FUSÃO DE LIGAS DE ALUMÍNIO

2.9.1 Fornos de fusão

Os fornos de fusão mais comuns são:[19]

1) Forno de cadinho
2) Forno de lareira:
    a) Tipo de barril rotativo
    b) Reverberatório de tipo basculante (Sklenar)
    c) Tipo de eixo estacionário
3) Forno de indução:
    a) Sem núcleo:
    b) Tipo de canal

As peças fundidas de alumínio podem ser produzidas por vários processos, tais como

a) Fundição em areia
b) Fundição injectada por gravidade
c) Fundição injectada a baixa pressão
d) Fundição injectada a alta pressão
e) Processo de espuma perdida

2.9.1.1 Forno de cadinho

A fusão em cadinho é a forma mais antiga e mais simples de fundir ligas de alumínio. O metal funde-se sob o calor da chama proveniente da queima de óleo ou de coque. Em certas instalações, é também utilizado gás. As instalações modernas utilizam também elementos de resistência eléctrica. Nestes fornos, o calor de radiação dos elementos de aquecimento é utilizado para a fusão do metal. Em todos estes casos, o calor atinge o metal a fundir. Em todos estes casos, o calor chega ao metal por condução através das paredes do cadinho.

Nas fundições de alumínio, são utilizados habitualmente três tipos de cadinhos - cadinho de argila-grafite, cadinho de carboneto de silício ou cadinho de ferro fundido.

Os cadinhos de argila-grafite são muito utilizados. Como são frágeis, devem ser manuseados com cuidado. Os cadinhos de carboneto de silício têm uma condutividade térmica mais elevada e também uma vida útil mais longa. Estes cadinhos podem provocar a recolha de silício, o que é prejudicial nas ligas de alumínio-magnésio. Por conseguinte, na fusão destas ligas, a sua utilização deve ser evitada. Os cadinhos de ferro fundido são utilizados principalmente para "segurar" o metal, sobretudo nas fundições por injeção. Têm uma vida útil mais longa, são fortes e têm boa condutividade térmica. A sua utilização resulta em alguma acumulação de ferro na liga fundida. A recolha de ferro pode ser evitada ou minimizada controlando a temperatura do banho para um nível baixo e revestindo frequentemente o cadinho com uma lavagem refractária. Estes cadinhos são também rodados periodicamente para evitar a formação de pontos quentes junto à saída do queimador.

Os fornos de cadinho são de três tipos - de elevação, basculantes e estacionários. No forno de elevação, o cadinho é levantado por um longo cabo depois de o metal fundido estar pronto. Após o vazamento, o cadinho vazio e quente é novamente centrado no forno e é adicionada nova carga. A capacidade do cadinho de elevação é limitada a 40 ou 50 kg de metal. Como o cadinho é esvaziado após cada fusão, a liga pode ser variada. A desgaseificação, a modificação e outros tratamentos são efectuados no próprio cadinho. A montagem é simples e de baixo custo.

No forno basculante, podem ser utilizados cadinhos de grandes dimensões - até 500 kg ou mesmo mais. O cadinho é posicionado centralmente e fixado com argamassa de cimento. O forno é montado sobre munhões. O metal é introduzido em conchas pré-aquecidas para vazamento. A inclinação pode ser manual, por guincho elétrico ou por meios hidráulicos. Estes cadinhos são populares em fundições de média e grande dimensão que produzem fundições de areia.

Os cadinhos fixos são utilizados principalmente em fundições de fundição por gravidade e de fundição sob pressão. Trata-se de cadinhos de fusão ou de cadinhos de retenção. O metal fundido é retirado através de conchas de manuseamento por imersão.

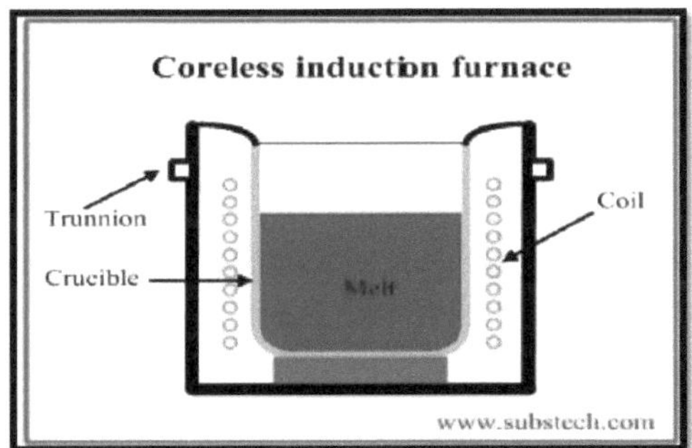

Figura 2.6 Forno de cadinho (forno de resistência eléctrica)

Estes fornos foram populares durante os anos sessenta e setenta. São semelhantes aos fornos de tipo reverberatório com um banho aberto pouco profundo. O metal é aquecido por chamas que passam sobre ele. Como o metal e a chama estão em contacto direto, a captação de gás e as perdas de metal são elevadas nestes fornos. Algumas modificações dos tectos destes fornos - o calor de radiação que derrete o metal.

2.9.1.2 Fornos eléctricos de indução

Nos fornos eléctricos de indução, o metal actua como um enrolamento secundário de um transformador no qual o calor é induzido pelo fluxo de correntes de Foucault no metal sob a influência da potência que flui através da bobina primária. O cadinho é parte integrante do forno - produzido por compactação e fixação de massa refractária, como é o caso da partícula na fusão de metais ferrosos, ou um cadinho separado é centrado no interior da bobina de potência. Os fornos de indução de canal são também utilizados devido à sua eficiência superior; a flexibilidade é, no entanto, limitada.

Figura 2.7 Forno de indução

2.9.2 Fluxação[19]

No ar, o alumínio oxida-se facilmente. A camada oxidada é forte e tediosa e cobre toda a superfície, impedindo assim a oxidação posterior do alumínio sólido. Assim, todo o alumínio sólido ou liga de alumínio - fundido ou lingote - é coberto por uma fina película de óxido de alumínio. Durante a fusão, o metal entra em contacto com o oxigénio do ar ou com os gases quentes da chama e forma uma película mais pesada. Se não for distribuída, esta película permanece na superfície superior do metal fundido e protege-o contra uma maior oxidação. Esta película é designada por escória. Se for quebrada, a película é imediatamente curada pela formação de um novo óxido.

O metal limpo tem pouca escória. Mas a presença de resíduos de fundição na carga ou a presença de elementos de liga como o magnésio aumenta a escória. Se a escória pesada tiver sido formada, pode também transportar consigo algum alumínio. Assim, para minimizar a perda de alumínio, são adicionados fundentes para separar o alumínio líquido da escória seca. Estes fundentes são designados por fundentes de secagem da escória ou fundentes de desnatação. Estes são polvilhados sobre a parte superior da fusão e ligeiramente agitados na camada superior da fusão. O fundente mistura-se com a escória e reage rapidamente, provocando uma reação exotérmica localizada. Isto aumenta a temperatura do alumínio aprisionado na escória e deixa-o escorrer para fora. A escória seca remanescente pode ser facilmente removida. Os agentes gasosos, como o azoto, o cloro ou as suas misturas, são por vezes borbulhados através do alumínio fundido para remover inclusões. O cloro é mais eficaz na limpeza de metais com maior percentagem de magnésio.

2.9.3 Desgaseificação [19]

O alumínio absorve um grande volume de gás - hidrogénio - no estado líquido. A solubilidade aumenta com a temperatura. A principal fonte de hidrogénio é o vapor de água na chama do forno. O alumínio fundido reage com o vapor de água e forma óxido de alumínio (escória), absorvendo o hidrogénio do vapor de água, que é prontamente absorvido pelo alumínio fundido.

Se este gás não for removido da fusão, ao ser vertido no molde, o metal arrefece e começa a solidificar. No estado sólido, o alumínio tem muito pouca capacidade de reter o hidrogénio em solução sólida. Assim, o gás separa-se do metal em solidificação e forma uma porosidade gasosa na peça fundida.

Assim, é essencial evitar a captação de hidrogénio pela fusão ou remover o hidrogénio captado antes de o metal ser vertido no molde. O mecanismo de remoção do gás é designado por desgaseificação. O borbulhar de azoto seco ou de cloro gasoso ou da sua mistura através da massa fundida ajuda a remover o hidrogénio. Em alternativa (e de forma mais conveniente), a utilização de pastilhas de hexacloroetano (C2CI6) na massa fundida também remove o gás. As pastilhas de hexacloroetano são mergulhadas no fundo da massa fundida. Libertam cloro gasoso seco que desgaseifica a massa fundida.

O teor de gás é um dos factores mais importantes na qualidade das peças fundidas de alumínio. Para produzir peças fundidas de primeira qualidade para aplicações críticas, o teor de gás deve ser mínimo. Mas em muitas peças fundidas, a presença de algum gás assegura a eliminação da contração e, por isso, é benéfica. No entanto, a presença de uma grande quantidade de gás provoca a porosidade dos orifícios.

2.10 AVALIAÇÃO NÃO DESTRUTIVA DA MODIFICAÇÃO

Vários processos de tratamento da fusão afectam a microestrutura do fundido. As caraterísticas microestruturais afectam as propriedades mecânicas. A transição microestrutural de acicular para fibroso não é nítida, mas gradual. As peças fundidas de qualidade requerem metal fundido de qualidade. Para produzir metal fundido de qualidade, os tratamentos de fusão como a desgaseificação, a purga, o fluxo, a filtragem, a inoculação, o refinamento do grão, a modificação, etc., têm de ser corretamente executados. A modificação afecta a microestrutura do fundido e as caraterísticas microestruturais afectam as propriedades mecânicas. É preferível avaliar a eficácia do tratamento antes do vazamento, bem como monitorizar os efeitos dos vários tratamentos na qualidade da fusão. Mas o exame metalográfico convencional consome muito tempo. O requer um técnico qualificado e também é difícil de efetuar nas fundições. Além disso, a qualidade da massa fundida pode deteriorar-se quando os resultados são obtidos. As técnicas de ensaio não destrutivas são as mais adequadas para o efeito[84].

Avaliação não destrutiva

Os métodos não destrutivos de avaliação da qualidade da fusão classificam-se genericamente em

i) Análise térmica,
ii) Medições da condutividade eléctrica e
iii) Técnicas de ultra-sons. 1171

Estes métodos permitem uma avaliação rápida da qualidade da fusão antes do vazamento da peça fundida.

2.10.1 Técnica de análise térmica

A técnica de análise térmica fornece um método rápido e fiável para avaliar o estado de nucleação e modificação da massa fundida antes do vazamento da fundição. Na análise térmica, a temperatura da amostra em solidificação é monitorizada e registada à medida que arrefece do estado completamente líquido para o estado completamente sólido através do intervalo de solidificação. O gráfico resultante, a curva de arrefecimento, é analisado para monitorizar o progresso da transformação da fase metalúrgica, bem como para prever a microestrutura do fundido. Teoricamente, os metais puros congelam a uma temperatura única caracterizada por um patamar na curva de arrefecimento. As ligas de solução sólida congelam numa gama de temperaturas. As ligas eutécticas congelam de forma semelhante à dos metais puros. As ligas hipo e hipereutécticas apresentam solidificação de fase primária numa gama de temperaturas seguida de congelação eutéctica.[85]

Alguns **desvios** importantes encontrados nas curvas de arrefecimento reais são:-[14]

i) O subarrefecimento, para provocar o início da solidificação, aparece como uma queda de temperatura abaixo da temperatura de equilíbrio.

ii) A recalcitrância, devida à avaliação do calor latente durante a solidificação, aparece como um pequeno aumento de temperatura.

A maioria das ligas de fundição são multicomponentes e contêm várias fases que afectam a forma da curva de arrefecimento. Com a análise térmica é possível verificar o tamanho do grão de alumínio em ligas hipoeutécticas, o tamanho do silício primário em ligas hipereutécticas e a morfologia e tamanho das partículas eutécticas Al-Si.

O controlo/determinação do tamanho do grão por análise térmica utiliza a parte da curva de arrefecimento associada ao início da solidificação primária. A avaliação da modificação necessita que a região eutéctica da curva de arrefecimento seja examinada. **As vantagens** da análise térmica são a simplicidade e a rapidez do método. Geralmente, a análise térmica é efectuada vertendo uma peça fundida num molde instrumentado. O molde, de areia ou permanente, tem um ou mais termopares posicionados no seu interior para registar as leituras de temperatura. As extremidades dos termopares são ligadas ao dispositivo de aquisição de dados através de cabos ou fios adequados. Os dados adquiridos são analisados através de software apropriado.

O tratamento de modificação altera as caraterísticas seguintes da curva de arrefecimento:

- A temperatura do planalto eutéctico.
- O subarrefecimento necessário para iniciar a congelação eutéctica.
- O tempo de duração do subarrefecimento.
- A forma da curvatura no final da eutéctica.

Observa-se que quando a liga é modificada, a temperatura eutéctica desce, o subarrefecimento para a nucleação do eutéctico aumenta, o período de subarrefecimento aumenta, a razão do raio aumenta com a modificação e a razão do ângulo diminui com a modificação.

A depressão da temperatura eutéctica é a caraterística mais utilizada na análise térmica. Como a temperatura eutéctica é fácil de medir, é geralmente utilizada para avaliar se uma fusão está ou não corretamente modificada. No entanto, se este parâmetro for utilizado como base de análise, deve ser determinada primeiro uma temperatura eutéctica de base para a liga não modificada e os valores da liga modificada são comparados com esta.

2.10.2 Medição da condutividade eléctrica

A condutividade eléctrica da liga Al-Si é uma função da morfologia do Si eutéctico. A condutividade eléctrica foi proposta como um parâmetro NDT para avaliar a classificação da modificação porque a modificação aumenta a condutividade eléctrica. O Si acicular grosseiro, não modificado, oferece maior

resistência ao fluxo de electrões. [14] O Si é um semicondutor e uma rede de silício mais fina permitirá um fluxo de electrões mais rápido na amostra. Por conseguinte, a condutividade global será menor. O processo de modificação transforma o silício acicular numa forma fibrosa fina. Como resultado, haverá um caminho fácil para o fluxo de electrões, o que significa que os valores de condutividade serão mais elevados para a liga modificada. Assim, a modificação provoca um aumento da condutividade eléctrica do material. A modificação estrutural das ligas Al-Si é acompanhada por uma redução da resistividade eléctrica. Foi utilizado um instrumento de condutividade eléctrica baseado em correntes de Foucault para medir a condutividade eléctrica das amostras de fundição. O instrumento é constituído por um medidor analógico e uma sonda portátil. O equipamento estima a
condutividade eléctrica do espécime em termos de % IACS (International Annealed Copper Standard). A condutividade eléctrica foi medida na superfície polida dos provetes de fundição utilizados para microexame[86].

2.10.3 Técnica de ultrassom

Inicialmente, a determinação da atenuação ultra-sónica foi utilizada para medir o tamanho de grão das ligas.
No entanto, verifica-se que a atenuação diminui com o aumento da taxa de modificação e, por conseguinte, a técnica de ultra-sons pode ser utilizada para controlar a microestrutura da modificação. As partículas de Si funcionam como pequenos reflectores das ondas ultra-sónicas, causando perda de intensidade do feixe. A atenuação diminui à medida que a taxa de modificação aumenta. Foi utilizado um medidor de espessura ultrassónico para medir a espessura das amostras fundidas. A diferença de tempo entre um impulso ultrassónico e a reflexão devolvida foi convertida em espessura pelo instrumento. A velocidade da onda ultra-sónica na amostra não modificada era de 6380 m/s e esta foi tomada como padrão. A espessura das amostras foi então medida utilizando um paquímetro mecânico. A razão entre a espessura ultra-sónica da amostra de fundição e a sua espessura medida por um paquímetro mecânico foi utilizada como uma indicação da velocidade da onda ultra-sónica.[86]

2.11 CARACTERIZAÇÃO MICROESTRUTURAL

2.11.1 Microscopia ótica

É a ferramenta fundamental para a identificação de fases. O microscópio ótico amplia uma imagem enviando um feixe de luz através do objeto, como se pode ver no diagrama esquemático da figura. A lente do condensador foca a luz na amostra e as lentes objectivas (10X a 2000X) ampliam o feixe, que contém a imagem, para a lente do projetor, de modo a que a imagem possa ser vista pelo observador.
Para que um espécime possa ser observado, a amostra deve primeiro ser lixada com uma lixa de diferentes granulometrias. Em seguida, a amostra tem de ser polida de modo a obter uma imagem espelhada e depois gravada com uma solução durante um determinado período de tempo. Uma técnica cuidadosa é fundamental na preparação da amostra, pois sem ela o microscópio ótico é inútil.[g]

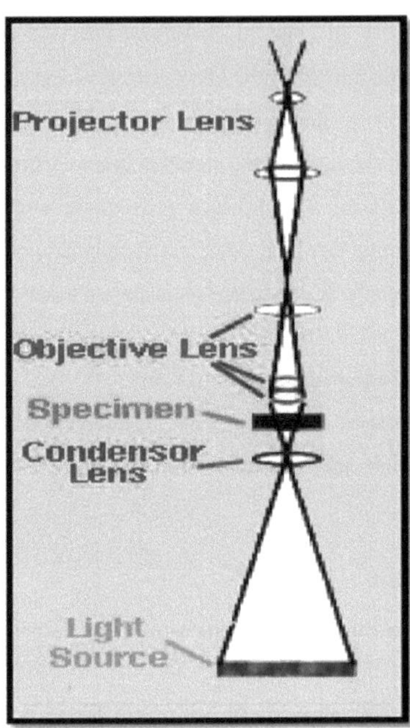

Figura 2.8 Diagrama esquemático do microscópio ótico

2.11.2 Microscópio eletrónico de varrimento

É utilizada principalmente para o estudo da topografia de superfícies de materiais sólidos. Permite uma profundidade de campo muito superior à da microscopia ótica ou da microscopia eletrónica de transmissão. A resolução do MEV é de cerca de 3 nm, aproximadamente duas ordens de grandeza inferior à do MET. Assim, o MEV preenche a lacuna entre as duas técnicas. ^ X11'X111]

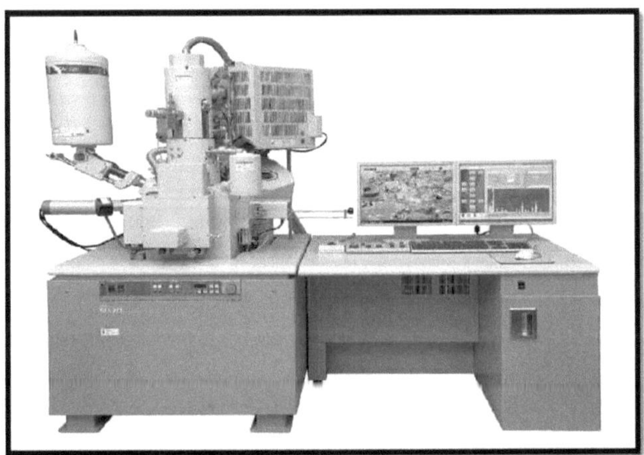

Figura 2.9 Configuração do microscópio eletrónico de varrimento

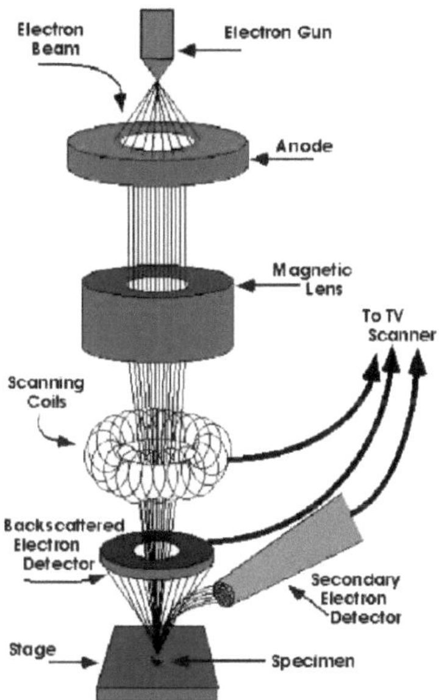

Figura 2.10 Diagrama esquemático do SEM

Variáveis de SEM:

Vácuo: A grande dispersão de electrões pelas moléculas de ar exige que a trajetória dos electrões seja feita sob vácuo. É necessário um vácuo da ordem dos 10'4 mm de Hg para o funcionamento do SEM.

Requisitos da amostra: A estabilidade da amostra no vácuo sob ligeiro calor deve ser assegurada pelo facto de o feixe primário ter uma tensão de aceleração de 10-25 KV e um diâmetro muito pequeno (50-100 A). Pode contaminar-se devido à pequena corrente de 10'10 a 10' ampère que o atravessa. A amostra deve ser condutora de eletricidade. Os electrões com carga negativa incidem na amostra e provocam um aumento de carga se os electrões não forem dissipados ou conduzidos pela amostra.

As amostras não condutoras podem ser tornadas condutoras através da deposição em vácuo de uma película fina de ouro/outro metal na superfície.

Elevada profundidade de focagem: A profundidade de focagem do SEM é quase 300 vezes superior à do microscópio ótico. A profundidade de focagem é de aproximadamente 1 mm a 100X e diminui com a ampliação, mas mesmo a 10.000X, a profundidade de focagem é de 10g. Assim, a superfície rugosa pode ser examinada diretamente sem qualquer preparação da amostra.

Contraste: O contraste do MEV é função da topografia e do número atómico. O contraste topográfico pode ser entendido por analogia com a ótica da luz. As zonas sobre as quais incide o feixe primário e que são vistas pelo detetor são brilhantes. Normalmente, é aplicado um potencial positivo de 1012,5 KV ao detetor, de modo que alguns electrões de baixa energia formam áreas não diretamente visíveis pelo detetor.

2.11.3 Electrões retrodispersos

Quando o feixe de electrões incide sobre a amostra, alguns electrões interagem com o núcleo do átomo. Os electrões com carga negativa são atraídos pelo núcleo positivo, o núcleo e voltam a sair da amostra sem abrandar. Estes electrões são chamados electrões retrodispersos porque voltam a sair da amostra. Para formar uma imagem com a BSE, é colocado um detetor no seu caminho.

2.11.4 Resolução

A resolução do SEM é função direta do diâmetro do feixe. O diâmetro do feixe primário varia de 60-100 A e obtém-se uma resolução de 150-250 A.

2.11.5 Ampliação

A gama de ampliação varia de 20X a 10.000X, embora seja possível obter 30.000X. A ampliação pode ser alterada rodando o diâmetro do potenciómetro, o que altera a deflexão do feixe na superfície da amostra, enquanto o comprimento na direção paralela no CRT não se altera. Quando o feixe é focado na superfície da amostra com uma ampliação elevada, a ampliação é rapidamente alterada e a focagem não se perde ao alterar a ampliação na mesma área.

CAPÍTULO 3

TRABALHO EXPERIMENTAL

3.1 Fluxograma do procedimento experimental

Raw Material Collection such as LM 28, Different oxides **(such as MnO_2, Cr_2O_3, TiO_2, $MnO.CrO_3$)** and chlorides **(such as $MnCl_2$, $SnCl_2$, $CrCl_3$)** Hexachloroethane (C_2Cl_6) tablets

↓

Melting in resistance heating furnace upto superheat temperature i.e. *720°C*

↓

Introducing modifiers in varying amounts such as oxides and chlorides after melting and before pouring

↓

Stirring of melt is done for uniform distribution of modifiers and allow them sometime for reaction to occurs i.e. 10-15 mins

↓

Sample preparation for Optical microscopy and SEM

↓

Characterization of prepared samples i.e. Metallography by Optical microscope, NEOPHOT 2, SEM (EDS) to study the morphology & composition of each element after modification

↓

Mechanical testing i.e. Tensile Test and hardness test

↓

Electrical Conductivity Measurement to study the effect of modifiers

3.2. DESCRIÇÃO DAS MATÉRIAS-PRIMAS

1. LIGA DE ALUMÍNIO (LM 28)

Fonte: Meta Lab Engineers, Baroda

Nome comercial: LM28

Ponto de fusão: 660° C

Esp. Gravidade: 2,68 gm/cc

Composição: Principalmente Al e Si

2. DIÓXIDO DE MANGANÊS

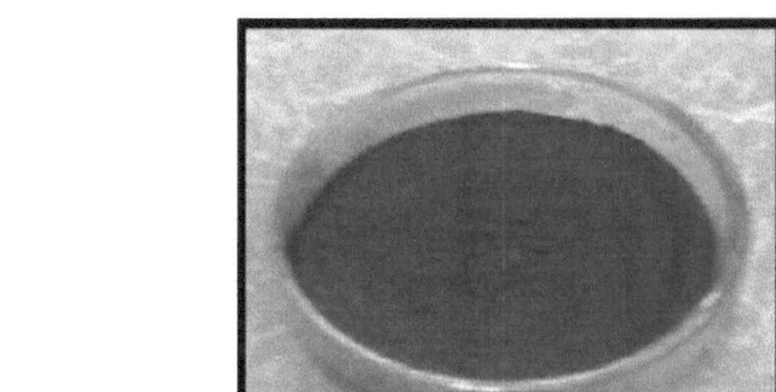

Fonte: S.D. Fine Chemicals, Baroda

Fórmula molecular: MnO_2

Ponto de fusão: 535° C

Densidade: 5,026 gm/cc

Massa molar: 86,9368 g/mol

Aspeto: Sólido castanho-preto

ID IUPAC: Óxido de manganês, Óxido de manganês(IV)

3. ÓXIDO DE CRÓMIO (III)

Fonte: S.D. Fine Chemicals, Baroda

Cr_2O3 **molecular**

Fórmula:

Ponto de fusão: 2,435 °C

Densidade: 5,22 gm/cc

Massa molar: 151,9904 g/mol

Aspeto: Verde claro a escuro

ID IUPAC: Crómio(III)

Óxido

4. DIÓXIDO DE TITÂNIO

Fonte: S.D. Fine Chemicals, Baroda

Fórmula molecular: TiO2

Ponto de fusão: 1843 °C

Densidade: 4,23 gm/cc

Massa molar: 79,866 g/mol

Aspeto: Sólido branco

ID IUPAC: Dióxido de titânio, Óxido de titânio(IV)

5. CLORETO DE MANGANÊS(II)

Fonte: S.D. Fine Chemicals, Baroda

Fórmula molecular: $MnCl_2$

Ponto de fusão: 654 °C

Densidade: 2,98 gm/cc

Massa molar: 125,844 g/mol

Aspeto: Sólido cor-de-rosa

ID IUPAC: Manganês(II) cloreto de manganês, dicloreto de manganês

6. CLORETO DE ESTANHO(II)

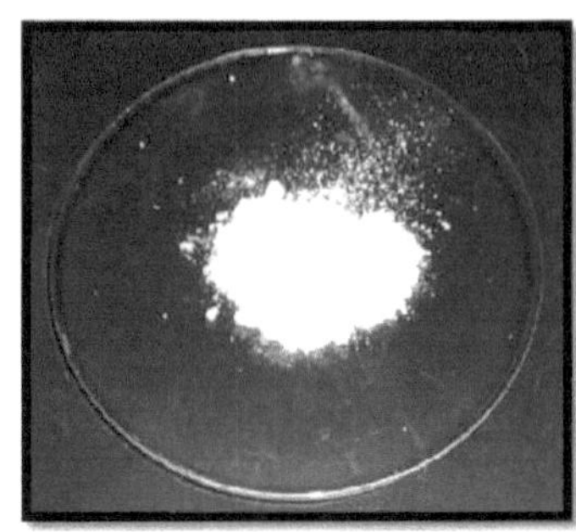

Fonte: S.D. Fine Chemicals, Baroda

Fórmula molecular: $SnCl_2$

Ponto de fusão: 247 °C

Densidade: 2,71 gm/cc

Massa molar: 189,60 g/mol

Aspeto: Sólido cristalino branco

ID IUPAC: Dicloreto de estanho, Cloreto estanoso

7. CLORETO DE CRÓMIO (III)

Fonte: S.D. Fine Chemicals, Baroda

Fórmula molecular: CrCh

Ponto de fusão: 1152 °C

Densidade: 2,87 gm/cc

Massa molar: 158,36 g/mol

Aspeto: Verde escuro

ID IUPAC: Crómio(III) cloreto Tricloreto de crómio

8. COMPLEXO

Fonte: S.D. Fine Chemicals,

Baroda

Fórmula molecular: MnO.CrOs

Aspeto: Castanho ou enegrecido

Sólido

3.3 CONFIGURAÇÃO EXPERIMENTAL E SUA DESCRIÇÃO

3.3.1 Diagrama linear da instalação experimental

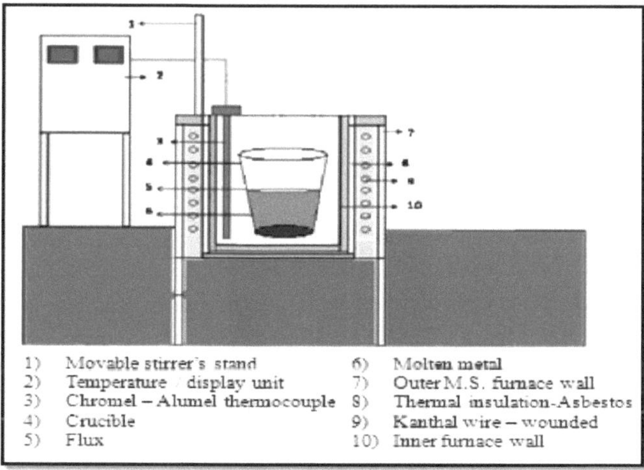

Figura 3.1 Diagrama esquemático da fusão num forno de cadinho

Figura 3.2 Forno de fusão de Al de resistência eléctrica

3.3.2 Resistência eléctrica do forno de fusão de Al

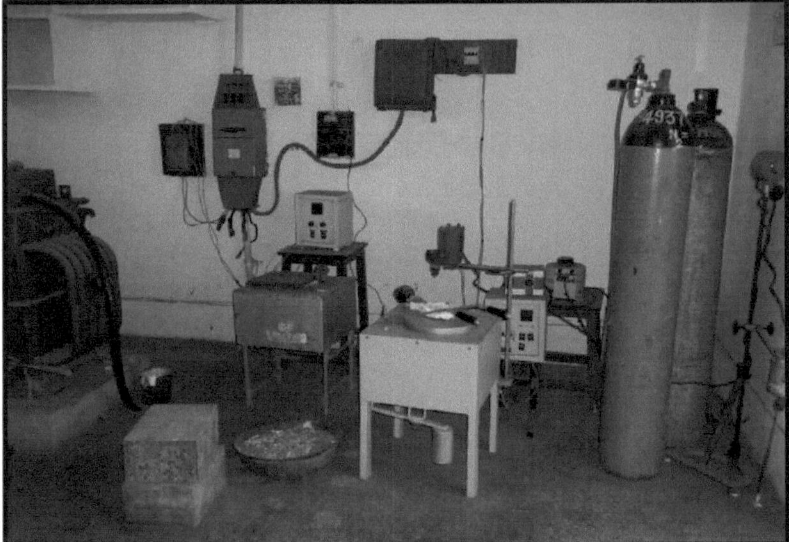

Figura 3.3 Configuração completa **do** forno de aquecimento por resistência eléctrica

1. **Zona de fusão principal:** Trata-se de uma zona de secção transversal essencialmente quadrada, constituída por uma parede exterior de aço inoxidável e uma parede interior de aço inoxidável com um orifício na parte inferior. Entre a parede exterior e interior, o número de bobinas de aquecimento dispostas de modo a fornecer aquecimento por resistência para a fusão. As bobinas de aquecimento são constituídas por fio Kanthal.

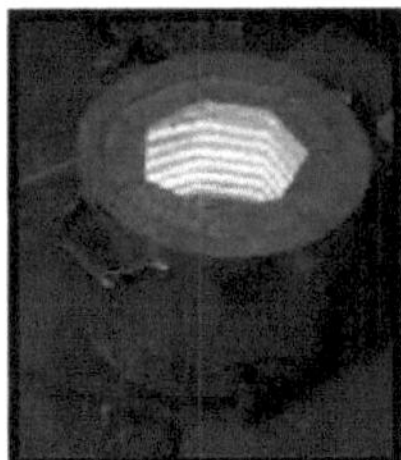

Figura 3.4 Zona de fusão

2. **Cadinho:** É utilizado para manter a matéria-prima no forno de aquecimento que funciona a uma temperatura de cerca de 750 °C. No cadinho, a matéria-prima é fundida e a mistura fundida é vertida numa matriz metálica com a ajuda de uma alavanca. O cadinho é feito de material cerâmico.

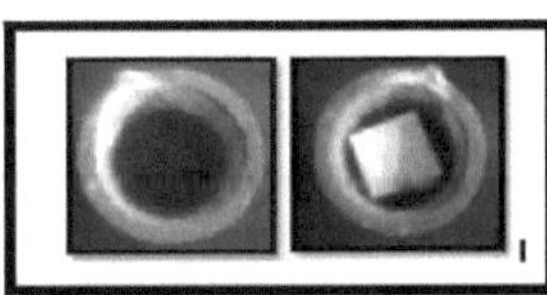

Figura 3.5 Cadinho utilizado para a fusão

3. **Termopar:** É um termopar do tipo Cromel-Alumel inserido na zona de fusão para prever a temperatura da fusão, indicando-a no painel de visualização da temperatura em graus Celsius.

4. **Controlador de temperatura:** Está ligado à serpentina de aquecimento, bem como ao termopar. O controlo automático regula a temperatura até ao limite predefinido, mantendo assim a temperatura ideal.

5. **Unidade de purga:** É um conjunto de cilindro de N2 com regulador de pressão, válvula de segurança, tubo de borracha ou aço e tubo oco de aço inoxidável. A figura seguinte mostra a sua ligação. O principal objetivo desta unidade é retirar o excesso de ar da fusão a uma temperatura tão elevada. O gás N2 borbulha através da fusão, o que ajuda a libertar o ar da fusão e proporciona uma atmosfera neutra.

6. **Matriz metálica:** É constituída por aço ou ferro fundido cinzento. Serve o objetivo de matriz na qual o metal líquido é vertido para obter uma fundição em forma de barra através do processo de solidificação. A dimensão total da matriz metálica de duas partes é de 23x23x6 cm. Contém um corredor, risers, um sistema de gating e um sistema de vazamento central. Antes da utilização, a superfície interna da matriz metálica foi revestida com pasta de revestimento e seca, de modo a que não haja uma dissolução significativa do ferro da matriz metálica para a peça fundida de alumínio. O tamanho final do varão fundido é de 2 cm de diâmetro e 17 cm de comprimento.

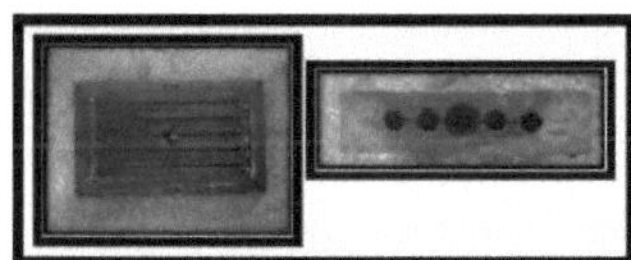

Figura 3.6 Esquema da matriz metálica utilizada no laboratório

3.3.3 Equipamentos auxiliares

1. **Balanças normais e electrónicas:** São utilizadas para pesar e medir a quantidade exacta de diferentes matérias-primas utilizadas para diferentes fusões, como óxidos e cloretos.
2. **Vareta de alumínio:** É utilizada para a imersão de óxidos e cloretos na massa fundida e para a agitação manual da massa fundida.
3. **Alavanca:** É utilizado principalmente para manusear equipamentos mais quentes por razões de segurança. É utilizado para verter o metal fundido na matriz metálica, agarrando o cadinho com uma alavanca.
4. **Queimador:** É utilizado para remover o teor de humidade do pó de cloreto.
5. **Cesto de escórias:** É utilizado para segurar as impurezas que têm de ser retiradas da camada superior da massa fundida antes do vazamento.
6. **Escumadeira:** Foi utilizada para retirar as impurezas da camada superior da massa fundida.
7. **Brilha:** Utilizado para proteger as mãos do operador.
8. **Martelo:** É utilizado principalmente para montar a matriz e para ejetar a liga solidificada da matriz.
9. **Lâmina de serra:** Utilizada para cortar a amostra, por exemplo, cortar uma liga solidificada em pequenos pedaços para estudo microestrutural.

3.4 CARACTERIZAÇÃO

3.4.1 Metalografia

Passos gerais para a preparação da amostra:

1) <u>Amostragem</u>

i) **Seleção do espécime:**

A amostra deve ser selecionada adequadamente para que sirva e mostre as caraterísticas do material durante o exame. Neste caso, para o nosso interesse, a área preferida para a seleção da amostra é a região inferior, uma vez que o níquel intermetálico tem lugar na área inferior.

ii) **Seccionamento/corte:**

É a remoção de uma amostra representativa de tamanho conveniente de uma haste fundida. Cortar a amostra com uma serra automática em dimensões adequadas que possam ser utilizadas para a análise quantitativa ao microscópio eletrónico de varrimento com EDS.

Tamanho da amostra: Aproximadamente *1,5* cm de diâmetro *e 1 cm* de altura, idealmente adequado para observação e análise microscópica final.

2) <u>Retificação</u>

O objetivo da retificação é diminuir a profundidade da liga deformada do pistão até ao ponto em que toda a liga deformada do pistão possa ser polida. As etapas de retificação são realizadas diminuindo subsequentemente o tamanho das partículas abrasivas para obter um bom acabamento da superfície. Aqui, os riscos profundos são substituídos por riscos pouco profundos.

i) Retificação em bruto:

Em primeiro lugar, é necessário obter uma superfície razoavelmente plana no provete. Para o efeito, utiliza-se uma lima bastante grosseira ou uma cinta de lixa motorizada.

Qualquer que seja o método utilizado, deve ter-se o cuidado de evitar o sobreaquecimento do provete através de métodos de trituração rápida, uma vez que tal pode levar a alterações na microestrutura.

Quando as marcas originais da serra tiverem sido limadas, o espécime deve ser cuidadosamente lavado para evitar a transferência de limalhas e sujidade para os papéis de polimento.

ii) Moagem fina:

A moagem fina é efectuada em papéis de esmeril de grau progressivamente mais fino, da esquerda para a direita. Estas devem ser da melhor qualidade, especialmente no que respeita à uniformidade do tamanho das partículas. Neste caso, procedemos à ***moagem por via húmida.*** Nesta técnica, utiliza-se ***querosene*** durante a trituração, uma vez que este limpa as partículas abrasivas partidas removidas e mantém a superfície da amostra a baixa temperatura.

A amostra de liga de pistão é relativamente macia, pelo que foi aplicada uma ligeira pressão durante o polimento. O espécime é puxado para trás e para a frente ao longo de todo o comprimento do papel para remover os riscos produzidos em ângulos rectos aos produzidos pela operação de limamento preliminar. O polimento é efectuado até que as marcas/riscos anteriores formados pela operação de polimento preliminar tenham sido completamente removidos, rodando a amostra a ***90°.*** Este processo é repetido com as lixas de número ***1/0, 2/0, 3/0 e 4/0***.

3) **Polimento**

O objetivo do polimento é remover completamente os riscos e tornar a superfície plana. Os riscos finos introduzidos durante a última operação de retificação são removidos, acabando por produzir uma superfície sem riscos altamente polida. O polimento é efectuado com rodas ou discos de polir. Estes discos são geralmente de latão, bronze ou aço inoxidável, revestidos com um pano de polimento de qualidade adequada. Deve ser utilizada uma velocidade baixa para o polimento de materiais macios.

i. O polimento consiste em deitar a suspensão abrasiva, água destilada e pó abrasivo - utilizando Al_2O_3 no pano do disco de polimento.
ii. Rodar a roda com uma velocidade adequada.
iii. A amostra a polir é mantida com a mão sobre o disco com uma ligeira pressão e movida continuamente do centro para a periferia do disco de polimento.
iv. A intervalos frequentes, a amostra é lavada com água e seca com um secador de cabelo.
v. A superfície espelhada sem riscos é obtida quando o processo de polimento termina.

3.4.2 Microscopia ótica

É a ferramenta fundamental para a identificação de fases. O microscópio ótico amplia uma imagem enviando um feixe de luz através do objeto. A amostra tem de ser primeiro lixada com uma lixa de diferentes granulometrias. Em seguida, a amostra deve ser polida de modo a obter uma imagem espelhada e sem riscos. Uma técnica cuidadosa é fundamental na preparação da amostra, pois sem ela o microscópio ótico é inútil. . A microestrutura da amostra foi observada utilizando o microscópio ótico Neophot 2.

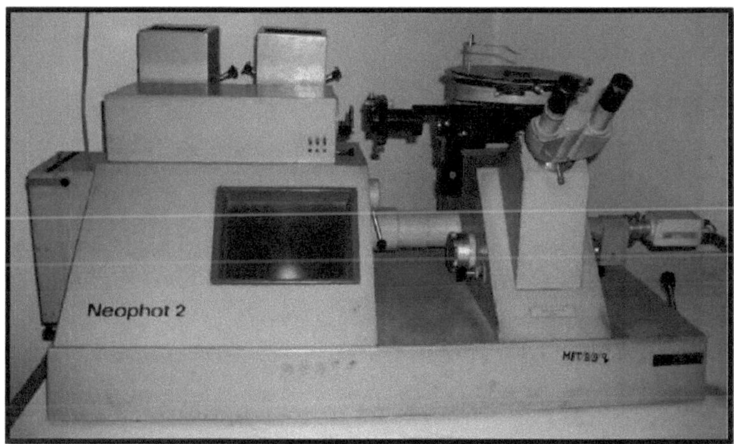

Figura 3.7 Neophot-2

3.4.3 Microscopia eletrónica de varrimento (SEM)

Para a análise microestrutural, as amostras foram seccionadas transversalmente e preparadas por procedimentos de polimento padrão. A microestrutura da amostra foi observada utilizando o Microscópio Eletrónico de Varrimento (JEOL-56 LV). É utilizado principalmente para o estudo da topografia da superfície de materiais sólidos. Permite uma profundidade de campo muito superior à da microscopia ótica ou eletrónica de transmissão. A resolução do MEV é de cerca de 3 nm, aproximadamente duas ordens de grandeza inferior à do MET. Assim, o MEV preenche a lacuna entre as duas técnicas.

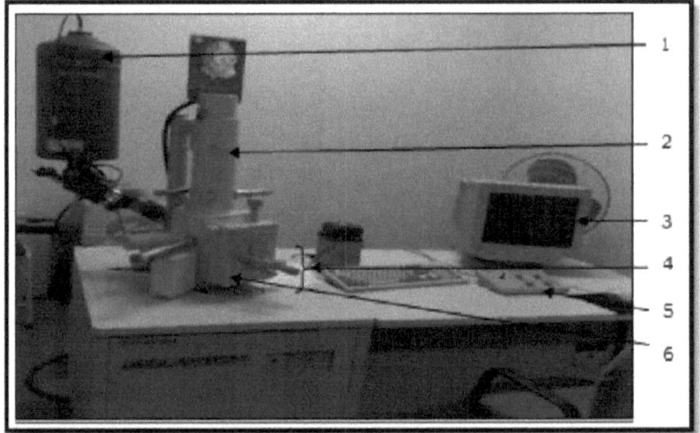

Figura 3.8 Microscópio eletrónico de varrimento com EDS

Componentes do Microscópio Eletrónico de Varrimento:

1. Câmara de nitrogénio líquido.
2. Coluna de Microscópio com Lentes Electromagnéticas.
3. Unidade de visualização.
4. Botão para mudar a posição do espécime.
5. Unidade de focagem e de ampliação.
6. Câmara de amostras.

3.5 ENSAIOS MECÂNICOS

3.5.1 Ensaio de dureza:

O ensaio de dureza é efectuado na máquina de ensaio de dureza Brinell. Para metais não ferrosos e ligas, é aplicada uma carga de 31,25 kg utilizando um indentador de esferas de aço de 2,5 mm.

Detalhes do processo: A carga é aplicada gradualmente por meio de um mecanismo hidráulico. Os indentadores de esferas são feitos de aço temperado de alto carbono ou carboneto de tungsténio. Após a aplicação da carga, esta é lentamente removida.

O indentador é retirado e o diâmetro da impressão circular é medido por um microscópio especial ligado à própria máquina. O microscópio amplia a imagem. A calibração da ocular utilizada para a medição do diâmetro da indentação é efectuada com uma precisão de 0,01 mm.

Diâmetro da esfera: 2,5 mm

Carga aplicada: 62,5 kg.

Tempo de aplicação da carga: 10 seg.

Máquina de ensaio de dureza Brinell

1. Parafuso micrométrico.
2. Óculo.
3. Balança-indentador e lente objetiva.

4. Fase de amostragem.
5. Cargas diversas

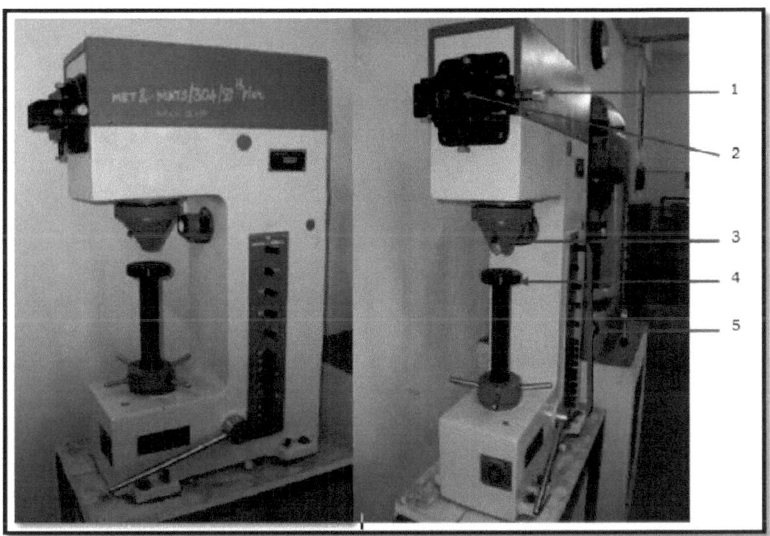

Figura 3.9 Máquina de ensaio de dureza Brinell

Neste caso, é necessária uma preparação da superfície. A superfície do provete deve ser plana para evitar erros na medição da dureza.

O número de dureza Brinell (BHN) é teoricamente calculado da seguinte forma:

$$\textbf{B.H.N.} = \frac{\text{Load applied in kg}}{\text{Area of indentation in mm}^2}$$

$$= 2P/\pi D(D - \sqrt{D^2 - d^2})$$

Onde, P= Carga aplicada em kg.

D=Diâmetro da esfera em mm.

d– Diâmetro da indentação em mm.

3.5.2 Ensaio de tração

O ensaio de tração foi realizado na máquina de ensaio de tração Monsanto-20. O objetivo da utilização desta máquina é controlar com precisão a taxa de deformação aplicada na amostra de tração.

1. **Tamanho padrão do espécime:** 7,6 mm a 8,1 mm de diâmetro externo, 42 mm de comprimento total, 27 mm de comprimento do calibre, 25 mm de comprimento útil do calibre, 5,06 mm de diâmetro do calibre, 1 mm de raio de filete.
2. **Definições de limite de carga disponíveis:** 20kN/2000kgf-Vermelho, 2000N/200kgf-Branco, 200N/20kgf-Azul. Mas nós definimos vermelho.
3. **Taxa de deformação:** A velocidade da cabeça cruzada foi ajustada para um valor de 0,5 mm/min.

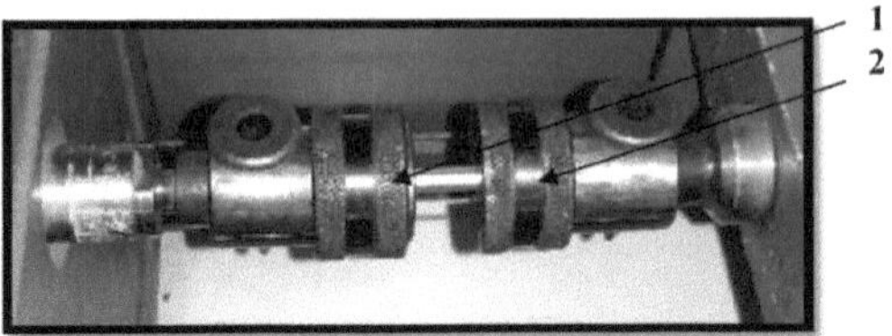

Figura 3.10 Amostra de tração e respetivo alinhamento

1. Espécime.
2. Suporte de amostras.

Máquina de ensaio de tração Monsanto-20 e respectivos acessórios.

1. Máquina de ensaio de tração Monsanto-20.
2. Ecrã de visualização de carga.
3. Unidade de medição do alongamento.
4. Redução da unidade de medida da área.
5. Calibradores Vernier.

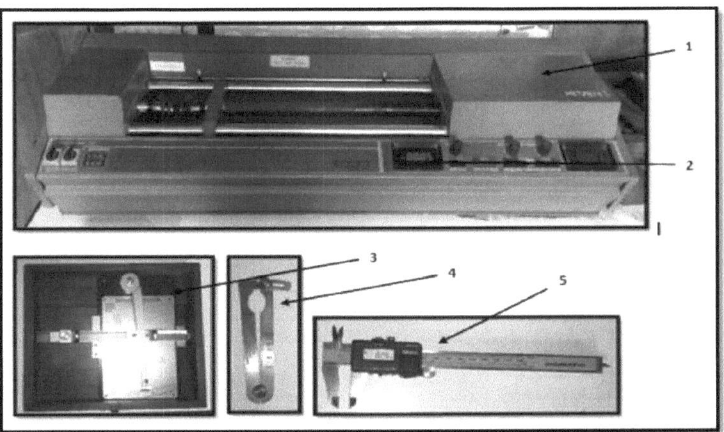

Figura 3.11 Máquina de ensaio de tração Monsanto-20 e respectivos acessórios

Precauções:

1. Deve evitar-se o desalinhamento do provete no suporte do provete.
2. Devem ser evitadas taxas de deformação mais elevadas.
3. Deve-se ter cuidado para que o espécime parta do centro e não dos lados, o que pode ser conseguido através da remoção das porosidades que podem ser formadas durante os processos de fundição, evitando a não uniformidade na secção transversal do espécime e, portanto, é aconselhável ir para a preparação da amostra na máquina CNC.

3.6 MEDIÇÃO DA CONDUTIVIDADE ELÉCTRICA

Este instrumento baseia-se no princípio das correntes parasitas. Quando a sonda é mantida na superfície de uma peça metálica (para verificar a condutividade), injeta um sinal de alta frequência no metal. Isto induz correntes de Foucault na peça metálica. A corrente afecta a impedância eléctrica da amostra de ensaio. A alteração da impedância é proporcional à condutividade eléctrica da peça metálica. A condutividade do metal é indicada diretamente no visor digital.

Procedimento:-

- Manter o interrutor basculante na posição "on".
- Aguardar 5 minutos (tempo de espera inicial)
- Manter a sonda na superfície metálica da peça de teste.
- Segurar a sonda com firmeza sem agitar a mão.

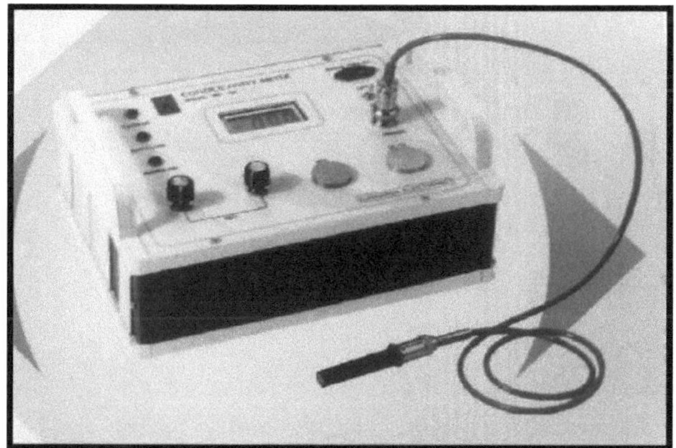

Figura 3.12 Instrumento de medição da condutividade eléctrica

3.7 MEDIÇÃO DA DENSIDADE

Os picnómetros foram concebidos para medir o volume e a densidade reais de pós e materiais sólidos, utilizando o princípio de Arquimedes da deslocação do fluido (gás) e a técnica de expansão do gás. O gás hélio é utilizado como fluido de deslocação, uma vez que penetra nos poros mais finos, garantindo a máxima precisão.

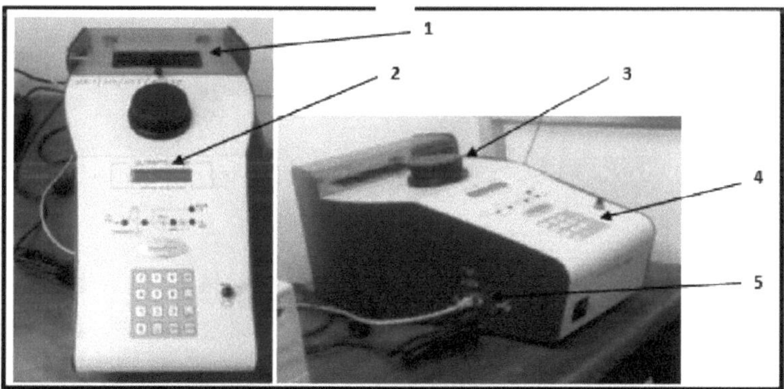

Figura 3.13 Instrumento de medição da densidade (picnómetro)

Componentes do instrumento de medição da densidade:

1. Compartimento de arrumação
2. Ecrã
3. Célula de amostragem
4. Teclado
5. Porta USB

CAPÍTULO 4
RESULTADOS E DISCUSSÃO

4.1 Resultado para vários sistemas

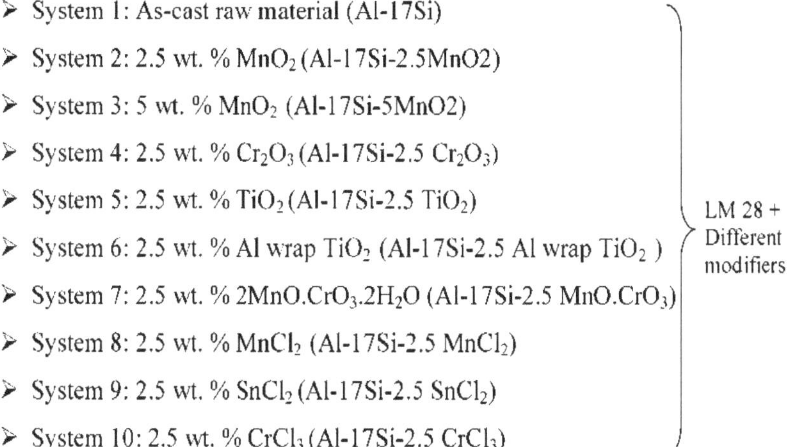

- System 1: As-cast raw material (Al-17Si)
- System 2: 2.5 wt. % MnO_2 (Al-17Si-2.5MnO2)
- System 3: 5 wt. % MnO_2 (Al-17Si-5MnO2)
- System 4: 2.5 wt. % Cr_2O_3 (Al-17Si-2.5 Cr_2O_3)
- System 5: 2.5 wt. % TiO_2 (Al-17Si-2.5 TiO_2)
- System 6: 2.5 wt. % Al wrap TiO_2 (Al-17Si-2.5 Al wrap TiO_2)
- System 7: 2.5 wt. % $2MnO.CrO_3.2H_2O$ (Al-17Si-2.5 $MnO.CrO_3$)
- System 8: 2.5 wt. % $MnCl_2$ (Al-17Si-2.5 $MnCl_2$)
- System 9: 2.5 wt. % $SnCl_2$ (Al-17Si-2.5 $SnCl_2$)
- System 10: 2.5 wt. % $CrCl_3$ (Al-17Si-2.5 $CrCl_3$)

LM 28 + Different modifiers

4.2 ANÁLISE QUÍMICA DE MATÉRIAS-PRIMAS UTILIZANDO EDS

4.2.1 MATÉRIA-PRIMA (Al-17Si) LM 28

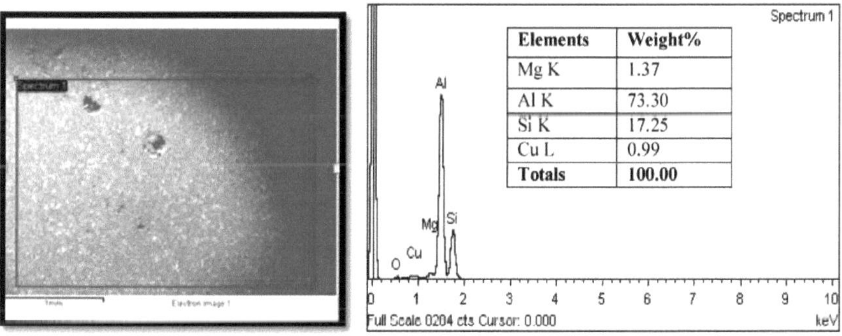

Elements	Weight%
Mg K	1.37
Al K	73.30
Si K	17.25
Cu L	0.99
Totals	**100.00**

Figura 4.1 Análise SEM-EDS da matéria-prima

Os dados EDS indicam a presença de Al, Si, Mg e Cu. Os teores de alumínio e silício são de cerca de 73% em peso e 17% em peso, respetivamente. Com base no seu teor de Si, esta liga é classificada como uma liga Al-Si de grau LM 28 que tem outros elementos de liga como Mg, Cu, etc.

4.2.2 MnO_2

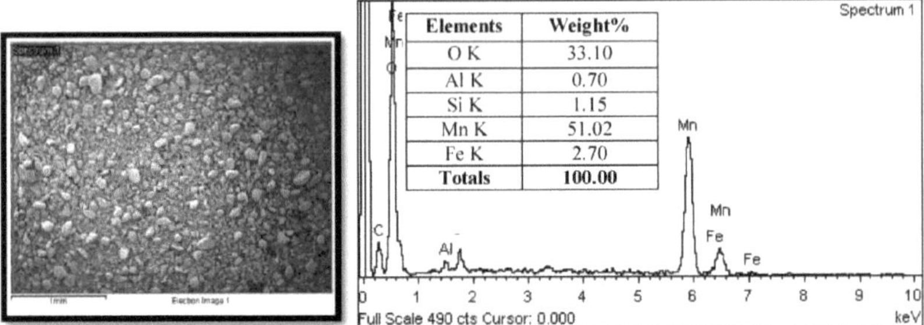

Figura 4.2 Análise SEM-EDS de MnO_2

Os dados EDS mostram 51 wt% de Mn e 33% de oxigénio, juntamente com certas impurezas como Fe, Si, etc.

4.2.3 Cr_2O_3

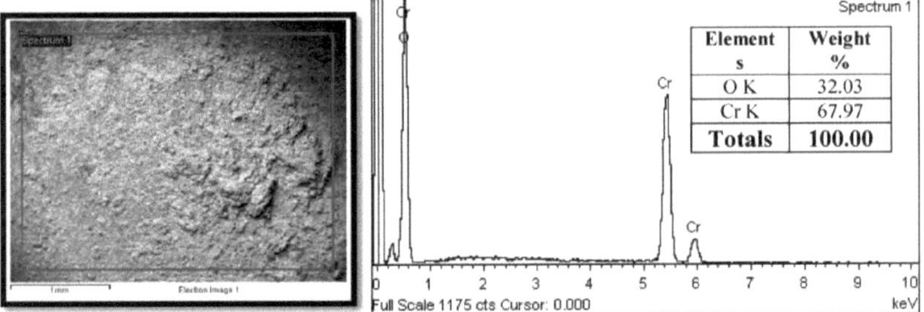

Figura 4.3 Análise SEM-EDS do Cr_2O3

Os dados EDS mostram a presença de Cr e oxigénio apenas sem impurezas. Este facto mostra que o pó de Cr_2O_3 tem um grau de pureza muito elevado.

4.2.4 TiO_2

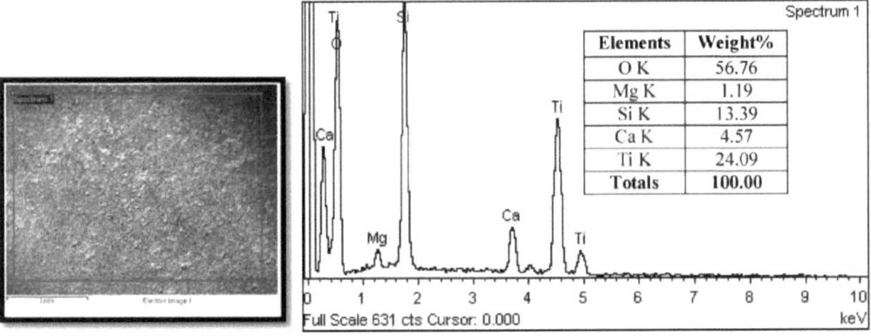

Figura 4.4 Análise SEM-EDS do TiO_2

Os dados de EDS mostram a presença de 25 wt% de Ti e 56 wt% de oxigénio e outros elementos como Si, Ca, Mg, etc. como impurezas. Podemos observar que o TiO_2 tem uma quantidade relativa de silício muito elevada (13 wt%), pelo que se espera que a quantidade de silício na liga LM 28 aumente com a adição de TiO_2

4.2.5 $MnO.CrO_3$

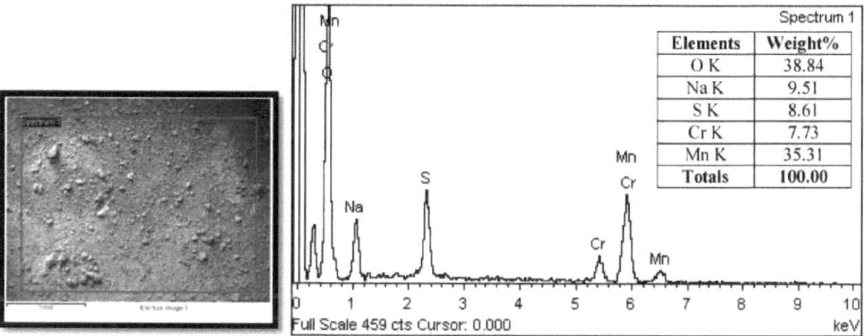

Elements	Weight%
O K	38.84
Na K	9.51
S K	8.61
Cr K	7.73
Mn K	35.31
Totals	**100.00**

Figura 4.5 Análise SEM-EDS de MnO.CrOs

MnO.CrOs é um composto complexo de óxido de manganês e óxido de crómio. Como é evidente a partir de dados EDS, contém 35 wt% Mn, 39 wt% O e 8% Cr. Outros elementos como S e Na estão presentes como impurezas.

4.2.6 $MnCl_2$

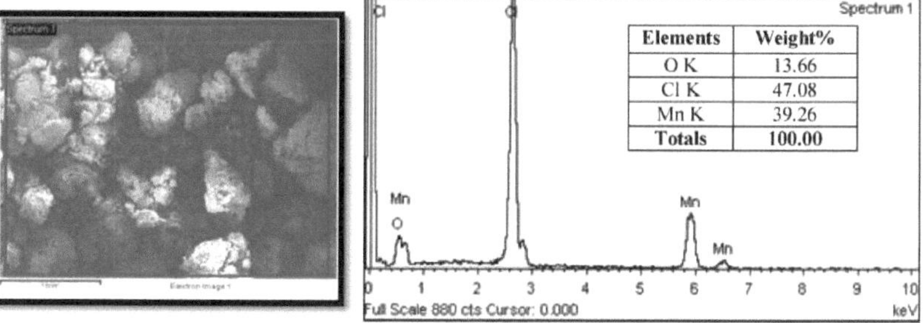

Elements	Weight%
O K	13.66
Cl K	47.08
Mn K	39.26
Totals	**100.00**

Figura 4.6 Análise SEM-EDS de MnCh

Os dados EDS indicam a presença de Mn e Cl juntamente com oxigénio. A presença de 13 wt% de oxigénio no cloreto indica a possibilidade de formação de óxido de Mn. Podemos dizer que tanto os cloretos como os óxidos de Mn estão presentes no material.

4.2.7 $SnCl_2$

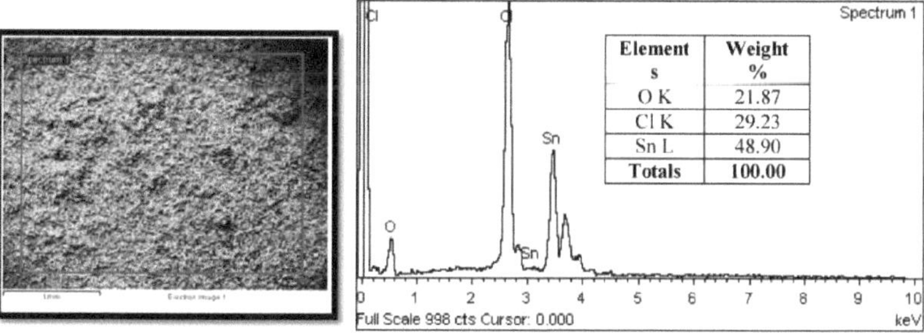

Elements	Weight %
O K	21.87
Cl K	29.23
Sn L	48.90
Totals	**100.00**

Figura 4.7 Análise SEM-EDS de SnCh

Os dados EDS indicam a presença de Sn e Cl juntamente com oxigénio. À semelhança do MnCb, o SnCf contém óxido de Sn como é evidente pela presença de O (22 wt%).

4 4.2.8 $CrCl_3$

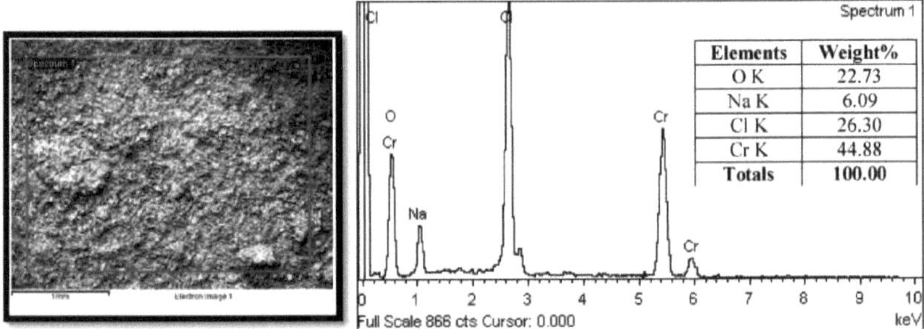

Figura 4.8 Análise SEM-EDS do $CrCl_3$

Os dados EDS mostram que o teor de Cr, Cl e O é maior, juntamente com Na como impureza. Mais uma vez, a presença de oxigénio indica a formação de óxido de Cr. O Na (6 wt %) está presente, o que indica a possível formação de NaCl.

4.3 ESTUDO MICROESTRUTURAL DE DIFERENTES SISTEMAS

4.3.1 Análise da microestrutura por microscópio ótico

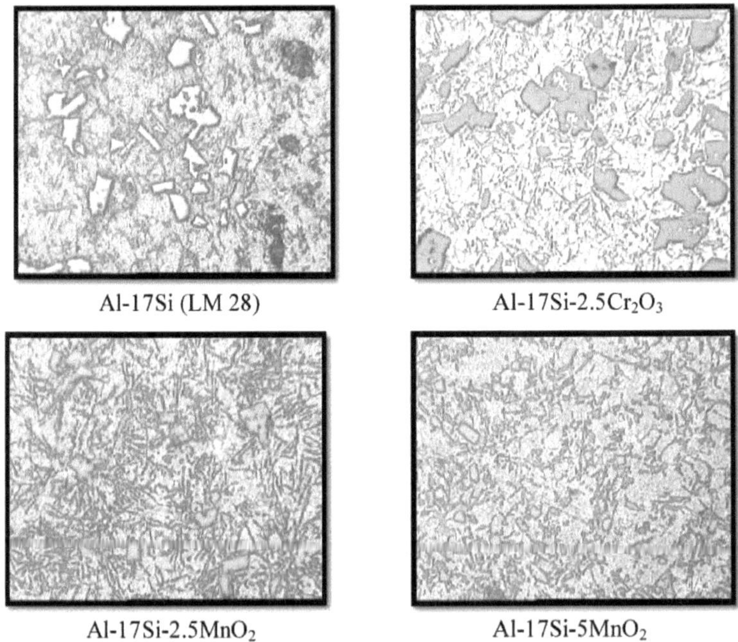

Al-17Si (LM 28) Al-17Si-2.5Cr_2O_3

Al-17Si-2.5MnO_2 Al-17Si-5MnO_2

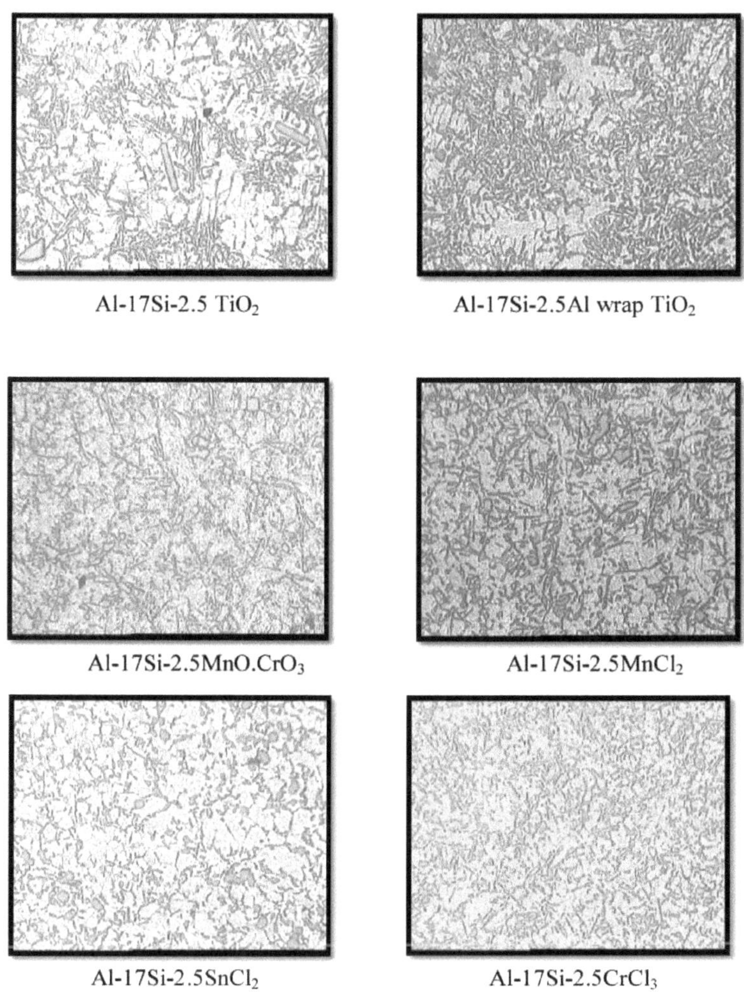

Figura 4.9 Micrografias ópticas das ligas de pistão LM 28 sem condicionador a 100X

DISCUSSÃO:-

1) **Al-17Si(LM28)**

A microfotografia ótica revela a presença de fase Al eutéctica grosseira e alongada, fase Si primária e fase Si eutéctica. A fase primária de Si está presente em duas morfologias - estruturas irregulares grosseiras e semelhantes a placas. O Si eutéctico está presente em estruturas aciculares (tipo agulha). Estas estão uniformemente distribuídas na matriz de grãos de a'-Al. O Si primário e o Si eutéctico presentes como morfologia grosseira e acicular, respetivamente, têm arestas/extremidades afiadas ao longo dos seus limites. Estas arestas/extremidades actuam como pontos de concentração de tensões que conduzem à iniciação de fissuras e, após a sua propagação, ocorre a rutura do material. Por conseguinte, a resistência da liga diminui.

Para obter melhores propriedades mecânicas para a liga, a aglomeração do Si primário deve ser reduzida, refinando assim a sua estrutura. Além disso, o Si eutéctico deve ser convertido de agulhas longas (aciculares) para estruturas do tipo haste curta ou, de preferência, estrutura fibrosa * Pl.[11]

2) Al-17Si-2,5Cr_2O_3

Isto indica que o Cr_2O_3é menos eficaz para o Si primário. O Si eutéctico parece estar uniformemente distribuído sob a forma de barras longas e pequenas agulhas. O Si eutéctico parece estar uniformemente distribuído sob a forma de hastes longas e pequenas agulhas. A partir da micrografia ótica, podemos dizer que a adição de Cr_2O_3 refina ligeiramente o Si eutéctico enquanto que não tem qualquer efeito visível no Si primário.

3) Al-17Si-2,5MnO_2

A adição de 2,5 wt% de MnO_2 parece refinar o silício primário até certo ponto, uma vez que são visíveis na micrografia pequenos grãos de Si primário. A densidade do silício eutéctico em forma de agulha (tipo placa) parece ser elevada, o que sugere que não há refinamento do Si eutéctico.

4) Al-17Si-5MnO_2

O aumento do teor de MnO_2 parece refinar o Si primário, reduzindo o seu tamanho e teor, uma vez que apenas alguns pequenos grãos de Si primário são visíveis na micrografia. O Si eutéctico tem um tamanho mais pequeno e uma densidade menor do que no **Al-17Si-2.5MnO_2.**

5) Al-17Si-2,5 TiO_2

O Ti é um refinador de grãos. A adição de TiO_2altera a forma do silício primário de poliédrico para formas semelhantes a varetas e também reduz o tamanho do grão do Si primário.

O Si eutéctico está presente na forma dendrítica, consistindo em grãos semelhantes a agulhas.

6) Al-17Si-2.5Al com revestimento de TiO_2

A fase de silício eutéctico está presente tanto na morfologia de agulhas longas como de pequenos bastões e a densidade superficial destes grãos de Si relativamente mais finos é muito elevada. O silício primário está completamente ausente na matriz. Em comparação com o Al-17Si-2.5

TiO_2, Al-17Si-2.5Al, TiO2 é relativamente mais eficaz na modificação da liga.

7) Al-17Si-2.5MnO.CrO_3

A micrografia ótica mostra a fase eutéctica do Si como uma rede de longas agulhas de silício. O tamanho das agulhas primárias de Si é bastante mais espesso do que o de outros óxidos. As partículas volumosas de silício são reduzidas em tamanho em comparação com a liga LM 28 modificada sem . Em comparação com as modificações que utilizam outros óxidos, a modificação com MnO.CrO_3 resulta num melhor refinamento do Si primário (exceto Al wrap TiO_2) mas é ineficaz no refinamento da fase eutéctica do Si.

8) Al-17Si-2,5$MnCl_2$

Nesta micrografia, o Si eutéctico é refinado até certo ponto, uma vez que podemos ver tamanhos mais pequenos da fase de Si eutéctico, para além de longas agulhas de Si. O silício primário está presente sob a forma de pequenos grãos, embora se possam observar muito poucos grãos grandes. Em comparação com o MnO_2, a adição de $MnCl_2$ é mais eficaz para o refinamento do silício primário.

9) Al-17Si-2,5$SnCl_2$

Mostra a presença de alumínio eutéctico de contraste brilhante e pequenas agulhas de Si eutéctico nas regiões interdendríticas. O silício primário é pequeno e de forma poliédrica. As agulhas da fase Si são refinadas e estão presentes como pequenas partículas. A modificação da liga LM 28 com $SnCl_2$ resulta no refinamento das fases de silício primário e de silício eutéctico. Isto indica a transformação completa do Si primário e do Si eutéctico do tipo agulha.

10) Al-17Si-2,5$CrCl_3$

O Si primário está quase ausente. São visíveis muito poucos grãos pequenos de Si primário. Com exceção de algumas agulhas de Si eutéctico, todas as agulhas se tornam muito pequenas e poucas delas podem ser vistas mesmo sob a forma de pequenos pontos. Comparado com o $Cr_2O_{(3)}$, o $CrCl_3$ mostra uma melhor capacidade de refinamento da microestrutura quando adicionado à liga LM 28.

4.3.2 Análise da microestrutura por MEV

As seguintes micrografias SEM têm uma ampliação maior do que as micrografias ópticas. Por conseguinte, as caraterísticas na micrografia aparecem maiores do que nas micrografias ópticas. Todas as micrografias SEM foram capturadas no modo BSE (Backscatter), de modo a obter informações sobre as diferentes fases presentes na micrografia com a ajuda do contraste Z. As imagens BSE de todos os sistemas mostram três níveis diferentes de contraste Z - cinzento escuro, cinzento claro e branco claro. Uma vez que a presença de elementos relativamente mais pesados leva a uma aparência relativamente mais brilhante numa imagem BSE, os diferentes níveis de contraste na micrografia de todos os sistemas devem-se à presença de elementos com contraste Z variável em diferentes regiões da microestrutura.

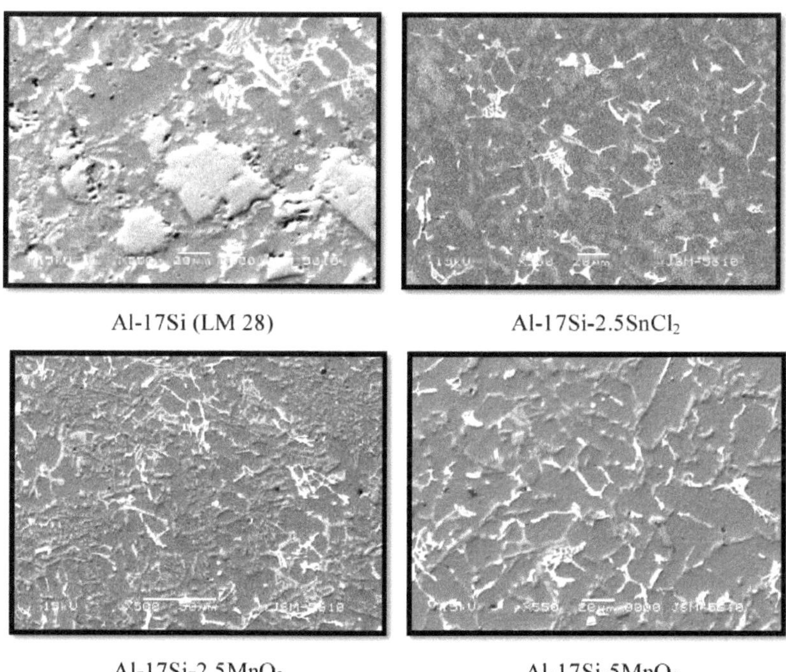

Al-17Si (LM 28) Al-17Si-2.5$SnCl_2$

Al-17Si-2.5MnO_2 Al-17Si-5MnO_2

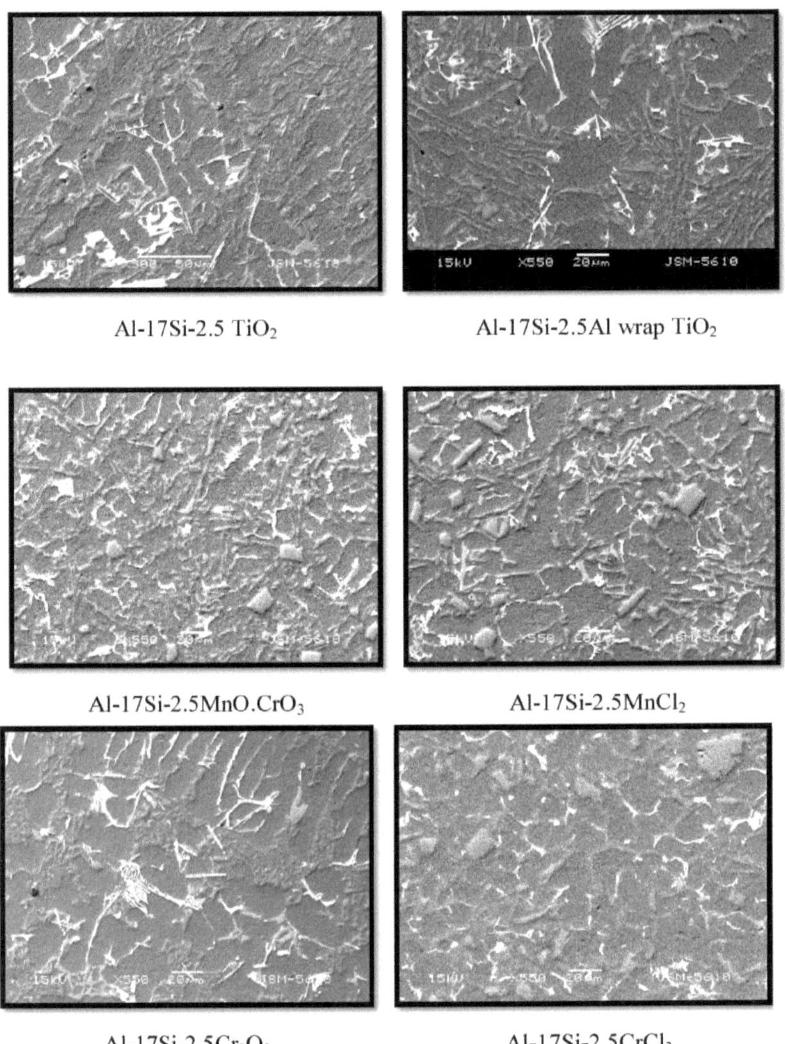

Al-17Si-2.5 TiO_2 — Al-17Si-2.5Al wrap TiO_2

Al-17Si-2.5MnO.CrO_3 — Al-17Si-2.5$MnCl_2$

Al-17Si-2.5Cr_2O_3 — Al-17Si-2.5$CrCl_3$

Figura 4.10 Micrografia SEM de ligas de pistão LM 28 a 270X

DISCUSSÃO:-

Os sistemas que contêm cloreto indicam a transformação do silício primário do tamanho de grumos para a forma de fibras espessas. A quebra máxima do silício primário e a sua conversão na forma de fibras é possível no caso do sistema que contém $SnCl_2$. O sistema contendo óxido também indica a alteração da morfologia do silício primário, bem como do silício eutéctico, que se transforma na forma de fibras ou de fibras fragmentadas. As fibras fragmentadas máximas são observadas no caso de TiO_2 e, por conseguinte, a resistência à tração máxima é alcançada no caso da adição de TiO_2.

Em todas as microestruturas, o contraste da cor cinzenta indica a presença de a-Al, enquanto a fase branca brilhante indica a presença de elementos pesados como Cu, Ni, Fe, Zn, etc. da matéria-prima. As fases menos brilhantes, mas de aspeto branco, sob a forma de grumos ou linhas, indicam a presença de silício.

4.4 Análise microestrutural de todos os sistemas com EDS

1) Al-17Si (LM 28)

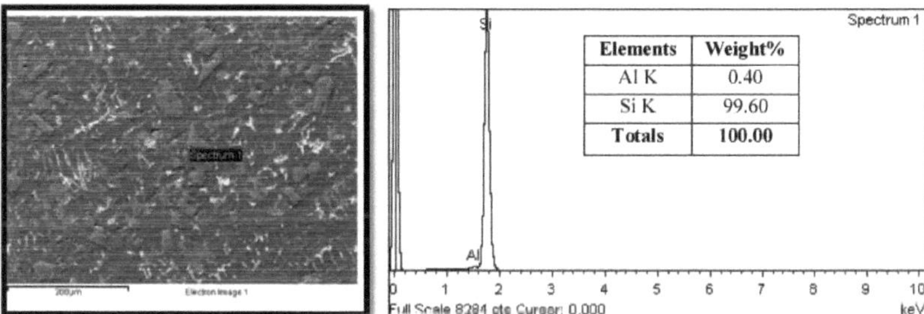

Figura 4.11 Análise química do Al-17Si

Na micrografia, podem ser vistas algumas caraterísticas alongadas em contraste cinzento brilhante. Estas constituem a fase eutéctica do Si. Algumas das regiões apresentam um contraste branco brilhante. A partir dos dados EDS da liga de base (fig. 4.1), podemos ver que estão presentes elementos de impureza como o Mg e o Cu. O Cu, sendo um elemento pesado, está possivelmente a concentrar-se nestas regiões, dando assim um maior contraste Z. O espetro EDS aqui apresentado (fig. 4.11) corresponde a uma partícula de silício primário com vestígios de alumínio.

2) Al-17Si-2.5MnO$_2$

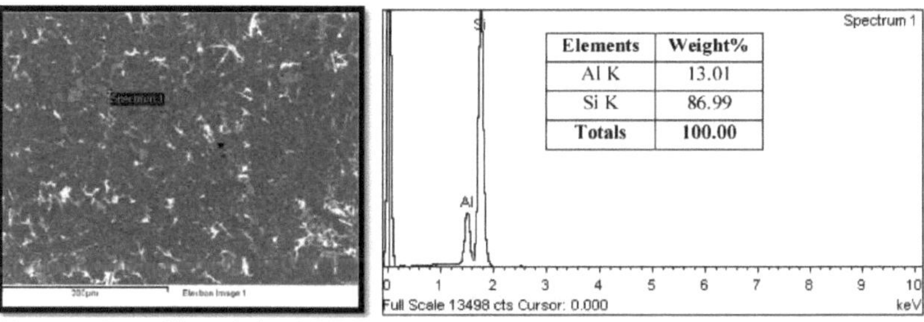

Figura 4.12a Análise química do Al-17Si-2.5MnO2

A análise EDS (fig. 4.12a) indica a presença de silício primário com 87% em peso.

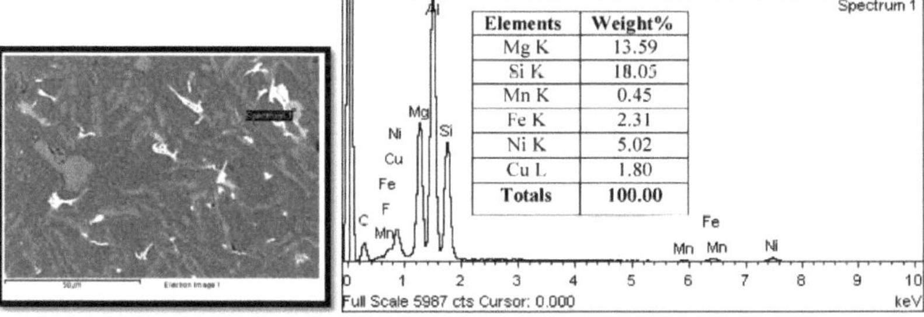

Figura 4.12b Análise química do Al-17Si-2.5MnO2

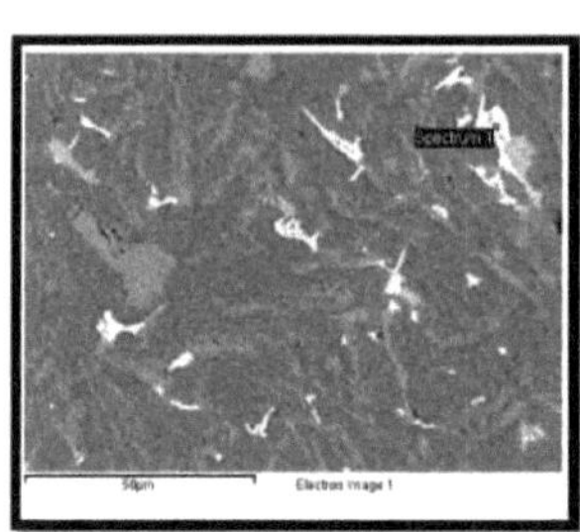

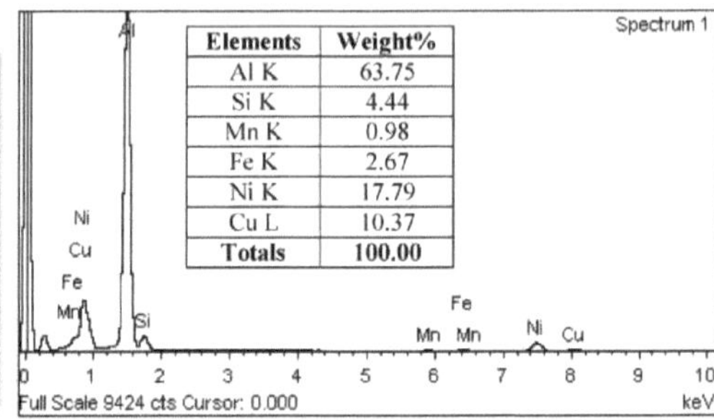

Elements	Weight%
Al K	63.75
Si K	4.44
Mn K	0.98
Fe K	2.67
Ni K	17.79
Cu L	10.37
Totals	**100.00**

Figura 4.12c Análise química de Al-17Si-2.5MnO2

Os dados EDS acima (fig. 4.12b e fig. 4.12c) indicam que a fase brilhante tem um elevado teor de elementos de impureza como Fe, Ni e Cu. Este facto explica o aspeto brilhante da região, uma vez que a concentração de elementos relativamente mais pesados resulta num maior contraste Z. A fase cinzenta mostra a presença de uma elevada concentração de silício com magnésio e ferro.

3) Al-17Si-5MnO$_2$

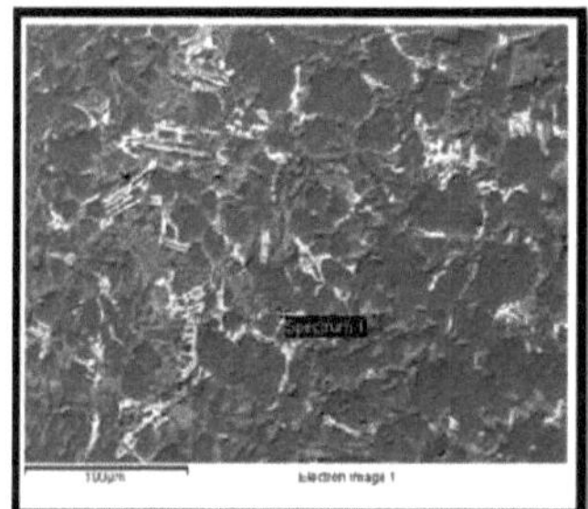

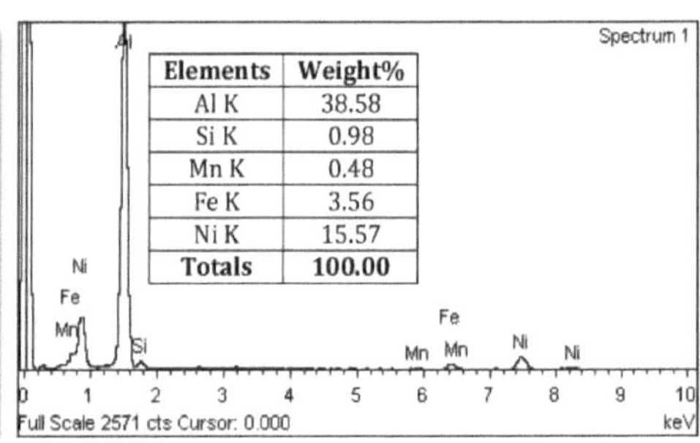

Elements	Weight%
Al K	38.58
Si K	0.98
Mn K	0.48
Fe K	3.56
Ni K	15.57
Totals	**100.00**

Figura 4.13a Análise química do Al-17Si-5MnO2

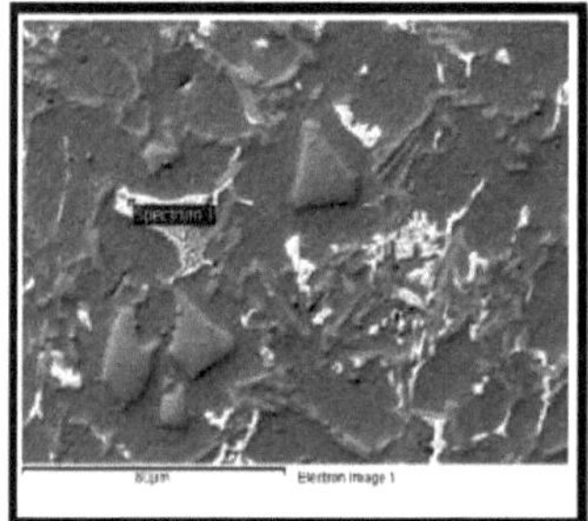

Elements	Weight%
Al K	30.59
Si K	2.87
Mn K	0.71
Fe K	3.71
Ni K	9.29
Cu L	14.81
Totals	**100.00**

Figura 4.13b Análise química de Al-17Si-5MnO2

A microestrutura mostra que as fases brilhante e cinzenta estão uniformemente distribuídas na matriz. Tal como revelado pela análise EDS (fig. 4.13a e fig. 4.13b), a região da massa tem elementos de impureza de Fe, Ni e Mn. A região da fase brilhante é rica em elementos relativamente mais pesados, Cu, Ni e Fe.

4) Al-17Si-2.5TiO_2

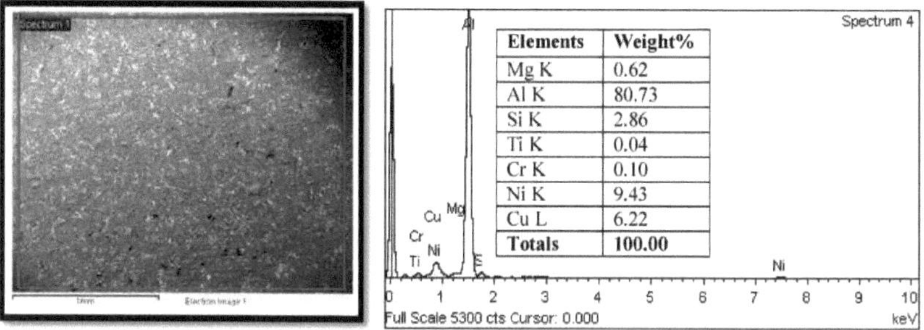

Elements	Weight%
Mg K	0.62
Al K	80.73
Si K	2.86
Ti K	0.04
Cr K	0.10
Ni K	9.43
Cu L	6.22
Totals	**100.00**

Figura 4.14a Análise química do Al-17Si-2.5TiO2

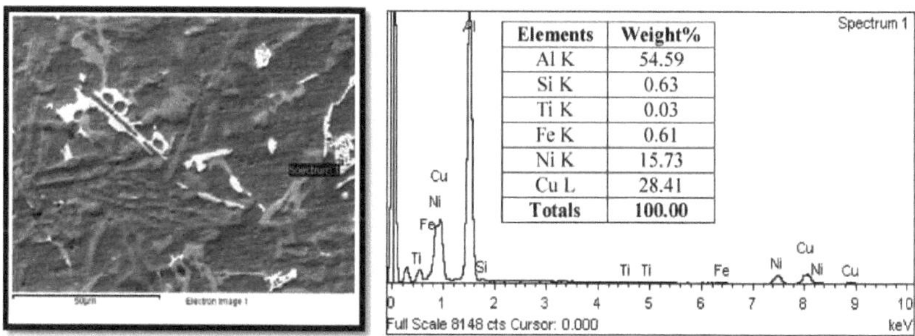

Elements	Weight%
Al K	54.59
Si K	0.63
Ti K	0.03
Fe K	0.61
Ni K	15.73
Cu L	28.41
Totals	**100.00**

Figura 4.14b Análise química do Al-17Si-2.5TiO2

Os dados de EDS (fig. 4.14a e fig. 4.14b) mostram que a região mais volumosa contém Mg, Ni, Cr e Cu, para além dos elementos Al, Si e Ti. As regiões que parecem brilhantes têm uma elevada concentração de elementos de peso atómico relativamente mais pesado, Cu e Ni.

5) Al-17Si-2,5Cr_2O_3

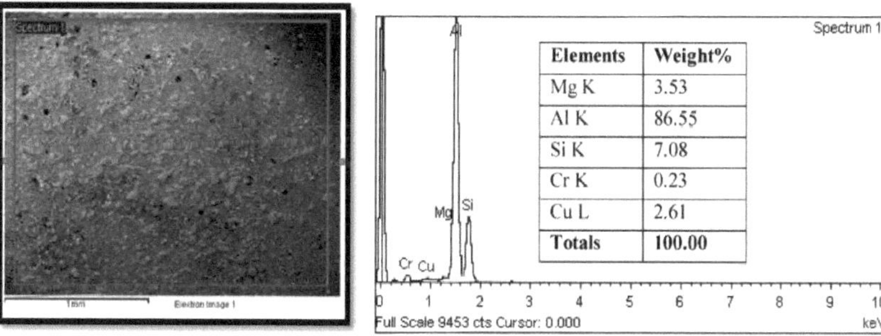

Elements	Weight%
Mg K	3.53
Al K	86.55
Si K	7.08
Cr K	0.23
Cu L	2.61
Totals	**100.00**

Figura 4.15a Análise química do Al-17Si-2.5Cr2O3

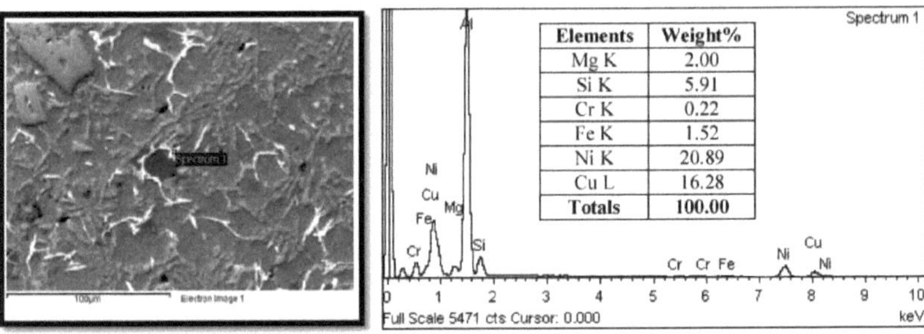

Elements	Weight%
Mg K	2.00
Si K	5.91
Cr K	0.22
Fe K	1.52
Ni K	20.89
Cu L	16.28
Totals	**100.00**

Figura 4.15b Análise química do Al-17Si-2,5Cr_2O_3

Os resultados do EDS (fig. 4.15a e fig. 4.15b) mostram que a matriz é constituída por pequenas quantidades de Mg, Si, Cr, Cu e o resto é alumínio. A região mais brilhante é constituída por uma elevada concentração de Cu e Ni, juntamente com uma pequena quantidade de outros elementos. A fase cinzenta volumosa presente na micrografia SEM acima é silício primário e a fase cinzenta presente na matriz são agulhas de silício eutéctico. O tamanho de ambas as fases - silício primário e agulhas de Si eutéctico - afecta as propriedades mecânicas.

6) Al-17Si-2.5Al com revestimento de TiO_2

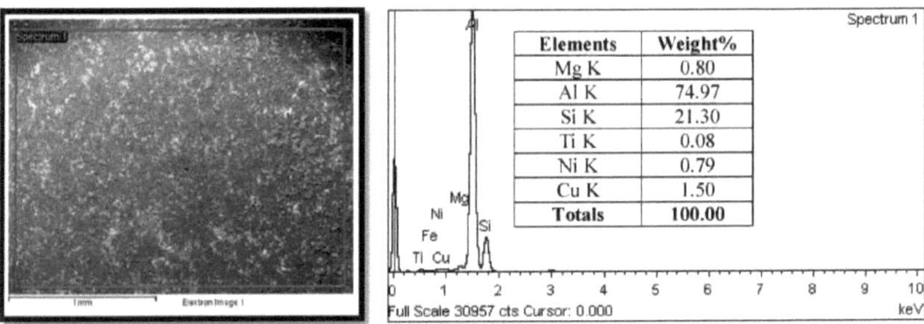

Elements	Weight%
Mg K	0.80
Al K	74.97
Si K	21.30
Ti K	0.08
Ni K	0.79
Cu K	1.50
Totals	**100.00**

Figura 4.16 Análise química do TiO2 com revestimento de Al-17Si-2,5Al

O resultado do EDS (fig. 4.16) mostra a composição global da liga após a modificação. Esta é constituída por vestígios de Mg, Ti e Ni, para além dos elementos principais Al e Si.

7) Al-17Si-2.5MnO.CrOj

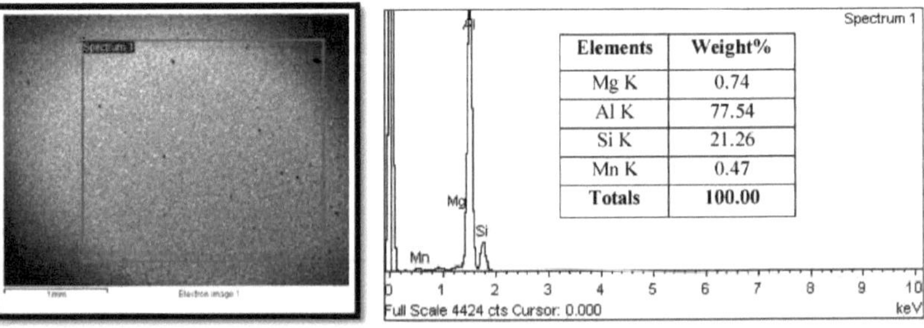

Elements	Weight%
Mg K	0.74
Al K	77.54
Si K	21.26
Mn K	0.47
Totals	**100.00**

Figura 4.17a Análise química de Al-17Si-2.5MnO.CrO_3

Indica a composição global da liga Al-Si após modificação com $MnO.CrO_3$. Observou-se que o elemento crómio está ausente na tabela de composição (fig. 4.17a). Pode ter sido consumido para a modificação do silício ou pode ter sido removido como impureza através de escória ou o Cr pode estar segregado em alguma região fora da região selecionada na amostra.

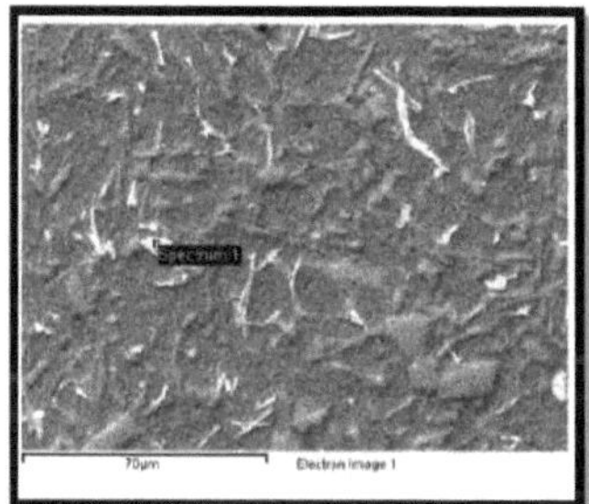

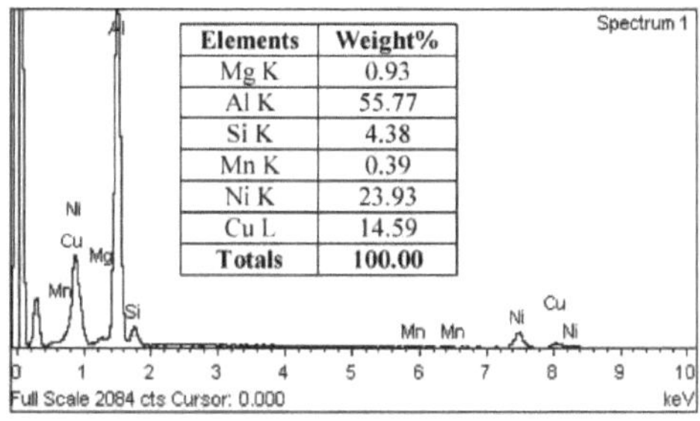

Elements	Weight%
Mg K	0.93
Al K	55.77
Si K	4.38
Mn K	0.39
Ni K	23.93
Cu L	14.59
Totals	**100.00**

Figura 4.17b Análise química de Al-17Si-2.5MnO.CrO3

Esta micrografia SEM mostra a modificação geral da microestrutura. O silício primário e o silício do tipo agulha eutéctica são refinados para tamanhos mais pequenos e estão uniformemente distribuídos pela matriz. Os dados EDS (fig. 4.17b) mostram uma elevada concentração de elementos relativamente mais pesados, Cu e Ni.

8) **Al-17Si-2,5MnCl₂**

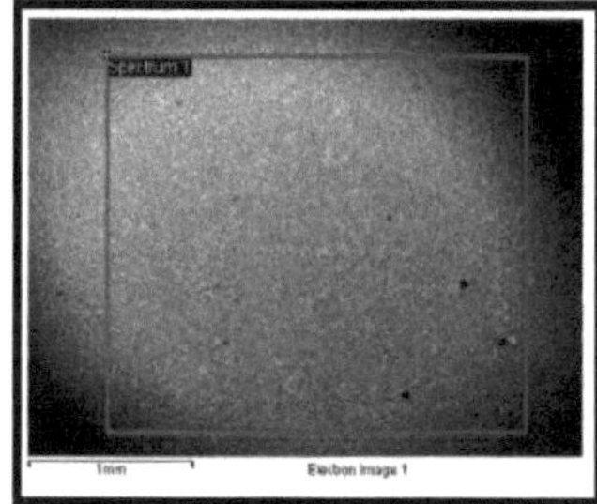

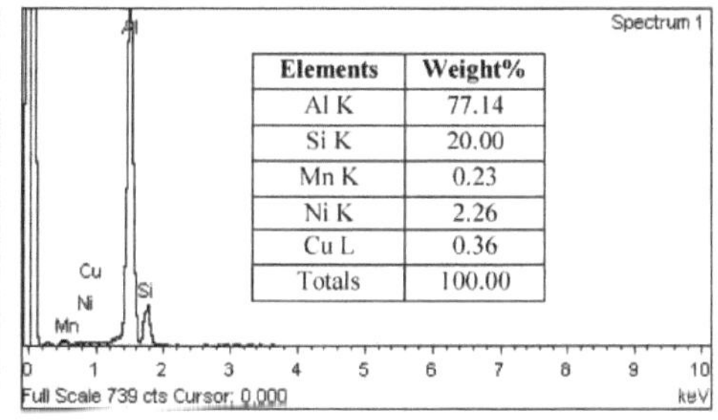

Elements	Weight%
Al K	77.14
Si K	20.00
Mn K	0.23
Ni K	2.26
Cu L	0.36
Totals	100.00

Figura 4.18a Análise química do Al-17Si-2.5MnC12

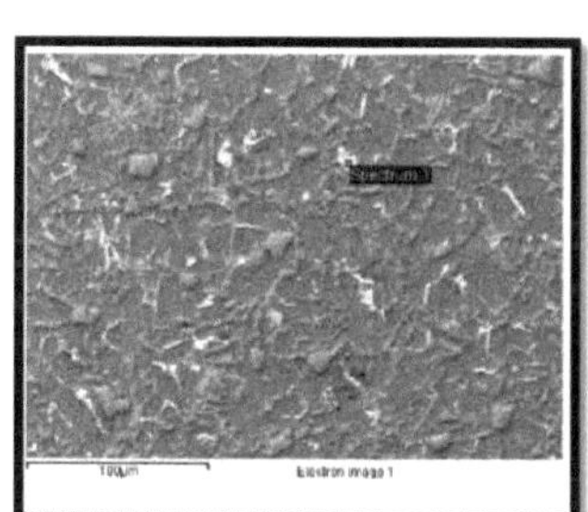

Elements	Weight%
Mg K	3.64
Al K	54.77
Si K	11.69
Mn K	1.56
Fe K	12.50
Ni K	6.83
Totals	**100.00**

Spectrum 1

Full Scale 370 cts Cursor: 0.000 keV

Figura 4.18b Análise química do Al-17Si-2.5MnCl₂

O resultado do EDS (fig. 4.18a e fig. 4.18b) mostra a composição global. As regiões mais brilhantes na micrografia contêm quantidades substanciais de Fe e Ni. O silício primário volumoso é reduzido em tamanho e está uniformemente distribuído.

9) Al-17Si-2,5SnCl_2

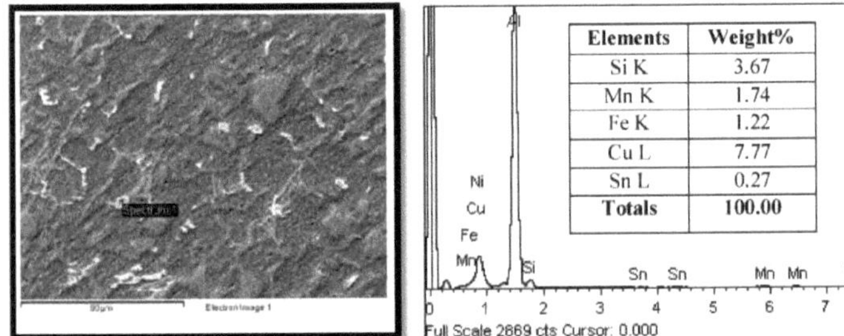

Elements	Weight%
Si K	3.67
Mn K	1.74
Fe K	1.22
Cu L	7.77
Sn L	0.27
Totals	**100.00**

Figura 4.19 Análise química do Al-17Si-2.5SnC12

Como indicado na micrografia acima, o Sn não é muito eficaz na modificação do silício primário, mas quebra as agulhas de silício eutéctico em tamanhos mais pequenos, presentes sob a forma de rede na matriz. Os dados EDS (fig. 4.19) mostram uma elevada percentagem de Cu na região brilhante.

10) Al-17Si-2.5CrCl_3

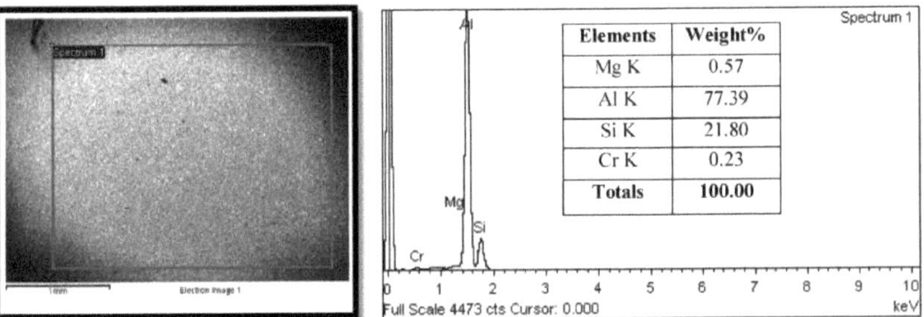

Elements	Weight%
Mg K	0.57
Al K	77.39
Si K	21.80
Cr K	0.23
Totals	**100.00**

Figura 4.20a Análise química do Al-17Si-2.5CrC13

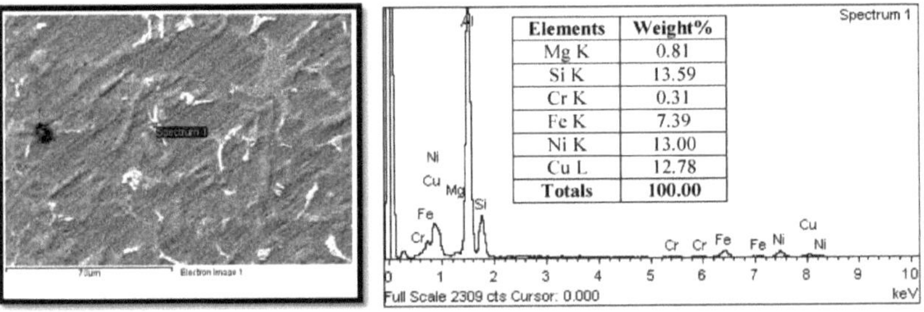

Elements	Weight%
Mg K	0.81
Si K	13.59
Cr K	0.31
Fe K	7.39
Ni K	13.00
Cu L	12.78
Totals	**100.00**

Figura 4.20b Análise química do Al-17Si-2,5CrCl_3

Os dados de EDS (fig. 4.20a e fig. 4.20b) mostram que a região de massa é constituída principalmente por Al e Si, juntamente com vestígios de Mg e Cr. Como se observa na maioria das ligas modificadas, também aqui a região brilhante contém quantidades substanciais de elementos atómicos relativamente mais pesados, Cu, Ni e Fe.

4.5 ENSAIOS MECÂNICOS

4.5.1 TESTE DE DUREZA

Para compreender o efeito do teor de modificadores no valor de dureza do LM 28, foram investigadas ligas modificadas. A Figura 4.20 mostra a representação gráfica do valor de dureza da liga antes e depois da modificação, respetivamente. Todos os valores apresentados correspondem a uma média de seis medições. Observou-se que a dureza das ligas modificadas é relativamente mais elevada em comparação com a das ligas não modificadas (exceto no caso da liga modificada com CrC13). Estas melhorias na dureza podem ser atribuídas a dois factores básicos, ou seja, a redução do tamanho médio da partícula de silício primária e a modificação marginal da agulha de silício eutéctico para uma forma fibrosa fina. No caso da modificação com 5% de MnO_2, obtém-se a dureza mais elevada, uma vez que a microestrutura é constituída por uma fase de Si primário refinada e uma fase de Si eutéctico parcialmente refinada. No caso das ligas modificadas com cloreto, uma grande parte da fase eutéctica tem morfologia fibrosa, o que leva a um menor aumento da dureza após a modificação, em comparação com a modificação de 5% de Mn02. A forma como a fase primária de Si e a fase eutéctica de Si afectam a dureza pode estar relacionada com as respectivas morfologias. O silício tem uma elevada fragilidade, pelo que as partículas primárias grandes de Si se partem quando se aplica uma carga, o que conduz a uma baixa resistência à penetração, o que significa uma baixa dureza. Por conseguinte, os pequenos grãos primários de Si são preferíveis para uma elevada dureza. O tamanho das partículas de Si eutéctico é muito mais pequeno do que os grãos de Si primários. Assim, a forma também é importante, juntamente com o tamanho destas partículas, quando se considera o seu efeito na dureza. A quebra das grandes agulhas de Si eutéctico em partículas mais pequenas, semelhantes a barras, resulta numa maior resistência à penetração, ou seja, numa elevada dureza. Se forem completamente convertidas numa forma fibrosa, a dureza diminui. Assim, o refinamento parcial da fase eutéctica do Si é desejável para uma elevada dureza.

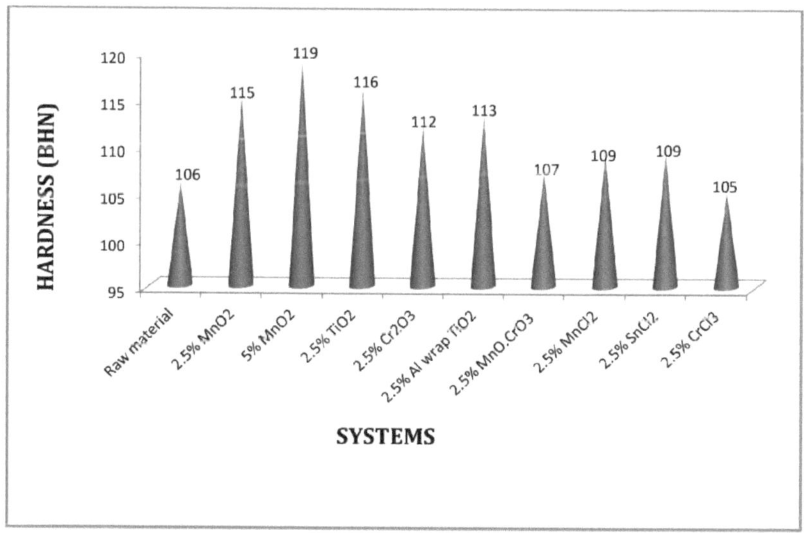

Figura 4.21 Ensaio de dureza das ligas de pistão LM 28

4.5.2 ENSAIO DE TENSÃO

O efeito do teor de modificadores no valor da resistência à tração do LM 28 foi investigado. Observou-se que a resistência à tração das amostras modificadas aumentou em comparação com as não modificadas. A figura abaixo mostra a representação gráfica do valor da resistência à tração da liga antes e depois da modificação, respetivamente. Após a modificação, a forma das agulhas altera-se, passando de agulhas afiadas a varetas. A redução da nitidez da agulha de silício aumenta o valor da resistência à tração das ligas LM 28 modificadas. Todos os valores apresentados correspondem a uma média de três medições. No caso do TiOi, obtém-se a maior resistência à tração.

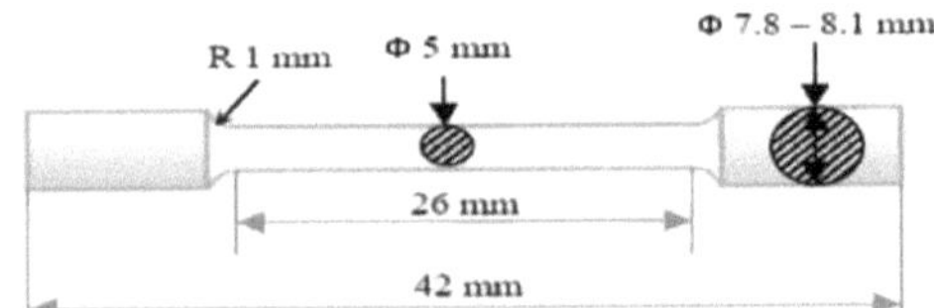

Figura 4.22 Diagrama de linhas do provete de ensaio de tração

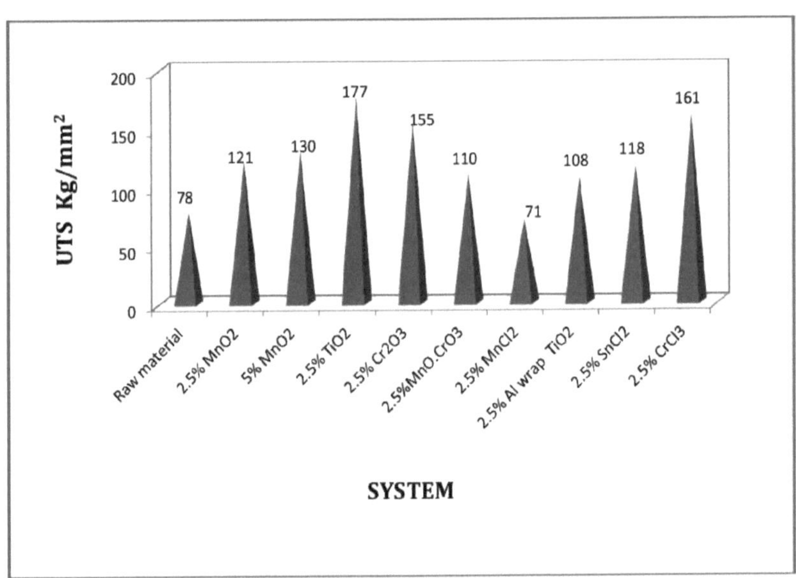

Figura 4.23 U.T.S das ligas de pistão LM 28

Tabela 4.1 Ensaio de tração das ligas de pistão LM 28

Sample ID	INITIAL DIAMETER (mm)	DIAMETER ON FRACTURE	UT LOAD (kg)	UT STRENGTH (kg/mm2)	% ELONG ATION	% REDN. AREA
Raw material	4.92	4.9	151	77.84	2	0.8
2.5% MnO_2	4.9	4.85	232	121	2	2

5% MnO_2	4.92	4.88	253	130	2	1.6
2.5% TiO_2	4.85	4.79	333	176.59	1	2.4
2.5%Al wrap TiO_2	4.99	4.88	204	110	1	4.3
2.5% Cr_2O_3	5	4.98	310	154.64	1	0.7
2.5% $MnO.CrO_3$	4.93	4.89	214	110	2	1.6
2.5% $MnCl_2$	4.9	4.83	138	71	2	2.2
2.5% $SnCl_2$	4.90	4.83	226	118	1	2.8
2.5% $CrCl_3$	4.93	4.87	313	161	1	2.4

4.6 CONDUTIVIDADE ELÉCTRICA

A condutividade eléctrica da liga Al-Si depende da morfologia do silício eutéctico. A condutividade eléctrica é considerada como um parâmetro NDT para verificar a modificação. A estrutura modificada aumenta a condutividade eléctrica. O silício acicular grosseiro e não modificado oferece maior resistência ao fluxo de electrões. Por conseguinte, a condutividade global será menor. O processo de modificação transfere o silício acicular para uma forma fibrosa fina , o que facilita o fluxo de electrões, o que significa que a condutividade eléctrica será mais elevada.

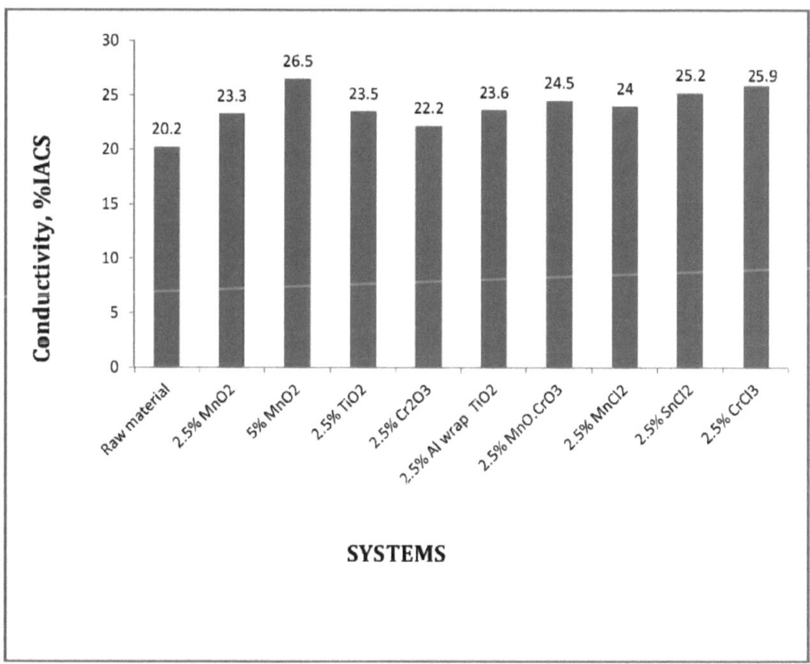

Figura 4.24 Condutividade eléctrica da liga de pistão LM 28

4.7 MEDIÇÃO DA DENSIDADE

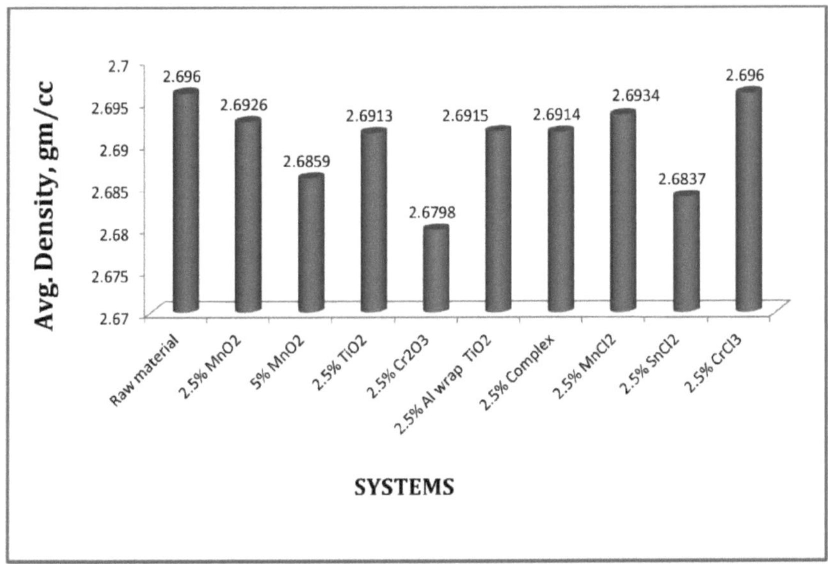

Figura 4.25 Densidade média das ligas de pistão LM 28

Não se regista grande alteração na densidade do sistema modificado e não modificado. Este facto mostra que a modificação não cria porosidade em comparação com os modificados convencionais, tais como Sr[16,18], Na[418], Ca, Sb[68], etc.

Assim, os óxidos de Mn, Ti e Cr também podem ser utilizados para modificar a liga de pistão LM 28. Da mesma forma, o cloreto de Mn, Sn, Cr também modifica a liga de pistão LM 28 sem gerar porosidade adicional. Assim, fontes não convencionais, como óxidos e cloretos, também podem ser utilizadas para modificar a liga Al-Si.

CAPÍTULO 5
CONCLUSÃO

A partir dos resultados experimentais, podem ser tiradas as seguintes conclusões:

- Os óxidos e os cloretos desempenham um papel significativo na modificação das partículas de silício primário.
- As micrografias ópticas representam a estrutura modificada devido à adição de óxidos e ao teor de cloreto, que é semelhante à estrutura modificada pela adição de Sr, Na e P.
- A liga de fundição hipereutéctica modificada resulta em partículas de silício primário mais finas e mais uniformemente distribuídas em comparação com a liga de fundição Al-17Si convencional. Para além do refinamento das partículas de silício primário, foi também observada a modificação das partículas de silício eutéctico.
- A modificação por via convencional (Sr, Na, Sb, etc.) produz porosidade, enquanto a modificação por via não convencional controla a quantidade de porosidade. Este facto é confirmado pela medição do valor da densidade de todas as amostras.
- No caso do MnO_2, conseguimos o maior aumento de dureza (119 BHN de 106 BHN).
- No caso do TiO_2, conseguimos o maior aumento na resistência à tração (177 MPa de 78 MPa).

REFERÊNCIAS

[i] K.G. Basavakumar, P.G. Mukunda, M. Chakraborty, "Influence of grain refinement and modification on micro structure and mechanical properties of Al- 7Si and Al-7Si-2.5Cu cast alloys", Materials Characterization , 59 (2008) , pp. 283-289.

p] Ouyang Zhi-ying , Mao Xie-min , Hong Mei," Multiplex modification with rare earth elements and P for hypereutectic Al-Si alloys", Journal of Shanghai University, 11(2007), pp. 400^-02.

[3] Dr. Najem Abdul Ameer, Eng. Talib Abdul AmeerJasi, "Study the Effect of Grain Refinement and Modification on the Diy Sliding Wear Behaviour of Hypereutectic Al-Si Alloys", The Iraqi Journal For Mechanical And Material Engineering, Special Issue (A).

[4] Chlkezie W. Onyia, Boniface A. Okorie, Simeon I. Neife, Camillus S. Obayi /'Structural Modification of Sand Cast Eutectic Al-Si Alloys with Sulfur/Sodium and Its Effect on Mechanical Properties",World Journal of Engineering and Technology, 1(2013), pp. 9-16.

[5] K. Al-Helal, I. C. Stone, Z. Fan, "Refinamento simultâneo de Si primário e modificação eutéctica em ligas hipereutécticas de Al-Si", Trans Indian Inst Metals, 65(2012), pp. 663-667.

[6] M. Gupta, S. Ling, "Microstructure and mechanical properties of hypo/ hypereutectic Al-Si alloys synthesized using a near-net shape forming technique", Journal of Alloys and Compounds 287 (1999), pp. 284-294.

[7] Sathyapal Hegde, A.E K. Narayan Prabhu, "Modification of eutectic silicon in Al-Si alloys", Journal of Material Science, 43(2008), pp. 3009-3027.

[8] Lim Ying Pio, Shamsuddin Sulaiman, Abdel Majid Hamouda, Megat Mohamad Hamdan Megat Ahmad,"Grain refinement of LM6 Al-Si alloy sand castings to enhance mechanical properties", Journal of

Materials Processing Technology , 162-163 (2005), pp. 435^141.

p] A.K. Dahle, K. Nogita , S.D. McDonald, C. Dinnis , L. Luc ,"Eutectic modification and micro structure development in Al-Si Alloys" , Materials Science and Engineering , 413-414 (2005), pp. 243-248.

[io]A.K. Prasada Rao, K. Das , B.S. Murty , M. Chakraborty, "Microstructural features of as-cast A356 alloy inoculated with Sr, Sb modifiers and Al-Ti-C grain refiner simultaneously", Materials Letters , 62 (2008), pp. 273-275.

[11] P. S. Mohanty e J. E. Gruzleski, "Grain Refinement mechanisms of hypoeutectic Al-Si alloys", Ata mater. 1996, Vol. 44, No. 9, pp. 3749-3760.

[12] Sig worth, G.K., Guzowski,M.M., "Grain Refining of Hypoeutectic Al-Si Alloys", AFS Trans. vol.93(1985), pp.907-912.

[13] Efeito do modificador e refinador de grãos na liga de alumínio fundido Al-7Si, N. R. Rathoda, J.V. Manghanib, Edição 2, Vol.5 (2012).

[14] Y.B. Zuo, Z. Fan, Q.F. Zhu, L. Lei e J.Z. Cui /'Modification of a Hypereutectic Aluminium Silicon Alloy under the Influence of Intensive Melt Shearing", Materials Science Forum, Vol. 765(2013), pp. 140-144.

[15] Barbora Bryks, Stunov'al/'Strontium as a Structure Modifier for Non-binary Al- Si Alloy", Ata Polytechnica, Vol. 52(2012), pp. 23 8-242.

[16] Stuart D. McDonald , Kazuhiro Nogita, Arne K. Dahle,"Eutectic nucleation in Al- Si alloys", Ata Materialia, 52 (2004), pp. 4273-4280.

[17] R. Apariciol, G. Barrera, G. Trapagal, M. Ramirez-Argaez, e C. Gonzalez-Rivera,"Solidification Kinetics of a Near Eutectic Al-Si Alloy, Unmodified and Modified with Sr", Met. Mater. Int., Vol. 19(4)(2013), pp. 707-715.

[18] M.M. Makhlouf, H.V. Guthy, "The aluminum-silicon eutectic reaction: mechanisms and crystallography", Journal of Light Metals, 1 (2001), pp. 199-21.

[19] O Inst, of Indian Foundrymen, 2 dias de seminário sobre "Aluminum Based Alloy castings ALU CAST-TECH" em 10- 11th Jan, 2009.

po] Dispinar, D., et al., "Degassing, hydrogen and porosity phenomena in A356", Materials Science and Engineering: A, 527(2010), pp. 3719-3725.

pi] S. Brown, "Feasibility of Replacing Structural Steel with Aluminum Alloys in the Shipbuilding Industry", Universidade de Wisconsin-Madison, 29 de abril de 1999.

[22] R. G. Allan, "Applications for Aluminum Alloys in the Marine Industry a Current Perspective", Proceedings of Alumitech, 97(1997), pp.292.

[23] D.A. Granger, W.G. Trckner, E.L. Rooy, Centro Técnico da ALCOA, Transação AFS, pp.775- 777.

[24]Dwivedi, D.K. "Influence of modifier and grain refiner on solidification behaviour and mechanical properties of cast Al-Si base alloys". Institution of Engineers (India) 2002, *83,* 46-50.

[25]M.M. Makhlouf, H.V. Guthy," The aluminum-silicon eutectic reaction: mechanisms and crystallography", Journal of Light Metals, 1 (2001), pp. 199?18

[26]Sumanth Shankar, Yancy W. Riddle, Makhlouf M. Makhlouf," Nucleation mechanism of the eutectic phases in aluminum-silicon hypoeutectic alloys", Ata Materialia, 52 (2004), pp. 4447-4460.

[27]Jinguo QiaoT, Xiangfa Liu, Xiangjun Liu, Xiufang Bian," Relationship between microstructures and contents of Ca/P in near-eutectic Al-Si piston alloys", Materials Letters, 59 (2005), pp. 1790- 1794.

[28]Dheerendra Kumar Dwivedi," Wear behaviour of cast hypereutectic Aluminium Silicon alloys", Materials and Design, 27 (2006), pp. 610-616.

[29]H.K. Feng, S.R. Yu, Y.L. Li, L.Y. Gong," Effect of ultrasonic treatment on microstructures of hypereutectic Al-Si alloy", Journal of materials processing technology, 208 (2008), pp. 330-335

[30]Haizhi Ye, "An Overview of the Development of Al-Si-Alloy Based Material for Engine Applications", Journal of Materials Engineering and Performance, 12(2003), pp. 297-288.

[31]T.H. Ludwig, P.L. Schaffer, and L Arnberg," Influence of Some Trace Elements on Solidification Path and Microstructure of Al-Si Foundry Alloys", Metallurgical and Materials Transactions, 44 (2013), pp.3783-3796.

[32]J.A. Garc'ia-Hinojosa, C.R. Gonzalez, G.M. Gonzalez, Y. Houbaert," Structure and properties of Al-7Si-Ni and Al-7Si-Cu cast alloys nonmodified and modified with Sr" Journal of Materials Processing Technology, 143-144 (2003), pp. 306-310.

[33]B. SuaTez-Pen~a, J. Asensio-Lozano," Influence of Sr modification and Ti grain refinement on the morphology of Fe-rich precipitates in eutectic Al-Si die cast alloys", Scripta Materialia, 54 (2006), pp. 1543-1548.

[34]J. Barresi, M.J. Kerr,H. Wang, M.J. Couper," Effect of Magnesium, Iron and Cooling Rate on Mechanical Properties of Al-7Si-Mg Foundry Alloys", AFS Transactions, 563-570

[35]Shouxun Ji, Douglas Watson, Yun Wang, Mark White e Zhongyun Fan," Effect of Ti Addition on Mechanical Properties of High Pressure Die Cast Al-Mg-Si Alloys", Materials Science Forum, 765 (2013), pp 23-27.

[36]Cao, X., Campbell, J," The Solidification Characteristics of Fe-Rich Intermetallics in All 1.5SiO.4Mg Cast Alloys", Metallurgical and Materials Transactions, 35 (2004), pp. 1425 - 1435.

[37]Shabestari, S. G.," The Effect of Iron and Manganese on the Formation of Intermetallic Compounds in Aluminum-Silicon Alloys", Materials Science and Engineering, 383 (2004), pp. 289-298.

[38]Dequan Shi, Dayong Li, Guili Gao e Lihua Wang," Method of Fast Forecasting Mold Filling Capacity of Al-Si Alloy by Surface Tension", Materials Transactions, 49(2008), pp. 224-226.

[39]M. Zuo, X.F. Liu, Q.Q. Sun, K. Jiang,"Effect of rapid solidification on the microstructure and refining performance of an Al-Si-P master alloy", Journal of Materials Processing Technology, 209 (2009), pp. 5504-5508.

[40]M. D. Hanna, S. Z. Lu e A. Hellawell, "Modification in the Aluminum Silicon System", Metallurgical and Materials Transactions A, 15(1984), pp. 459-469.

[41]C. B. Kim e P. W. Heine, "Fundamentals of Modification in the AluminumSilicon System", Journal of the Institute of Metals, 92(1963), pp. 3 67-3 76.

[42]Lu SZ e Hellawell A, "Growth mechanisms of silicon on Al-Si alloy", Journal of Crystal Growth, 73(1985), pp. 316-328.

[43]Wislei R. Osorio, Noe Cheung, Leandro C. Peixoto e Amauri Garcia, "Resistência à Corrosão e

Propriedades Mecânicas de uma Liga de Al 9wt%Si Tratada por Refusão Superficial a Laser",Int. J. Electrochem. Sei., 4 (2009), pp. 820 - 831

[44]Shu-Zu LU e Angus Hellawell," Growth Mechanisms of Silicon in Al-Si Alloys", Journal of Crystal Growth, 73 (1985), pp. 316-328

[45]B. Korojy e H. Fredriksson," On solidification of Hypereutectic Al-Si alloys", Transactions of The Indian Institute of Metals, 62(2009), pp. 361-365

[46]Zhiyong Liu', Mingxing Wang, Yonggang Weng, Tianfu Song, Yuping Huo e Jingpei Xie,," Effect of Silicon on Grain Refinement of Aluminum Produced by Electrolysis", Materials Transactions, 44(2003), pp. 2157-2162

[47]Numan Abu-Dheir, Marwan Khraisheh, Kozo Saito, Alan Male," Silicon morphology modification in the eutectic Al-Si alloy using mechanical mold vibration", Materials Science and Engineering, 393 (2005), pp. 109-117

[48]L. Zhang, D.G. Eskin, A. Miroux e L. Katgerman, "Formação de microestrutura em ligas de Al-Si sob tratamento de fusão ultra-sônica", Light Metals 2012 ,TMS (The Minerals, Metals & Materials Society)

[49]Kazuhiro Nogita, Stuart D. McDonald e Ame K. Dahle," Eutectic Modification of Al-Si Alloys with Rare Earth Metals", Materials Transactions, 45(2004), pp. 323-326

[50]Vardhaman S Mudakappanavarl, H M Nanjundaswamy," Modificação do silício eutéctico sob a influência da vibração do molde durante a solidificação de peças fundidas de liga LM6.", (IJREAT) Jornal Internacional de Investigação em Engenharia e Tecnologia Avançada, 1(2013)

[51]A.K. Prasada Rao, K. Das, B.S. Murty, M. Chakraborty," Microstructural and wear behavior of hypoeutectic Al-Si alloy (LM25) grain refined and modified with Al-Ti-C-Sr master alloy", Wear, 261 (2006), pp. 133-139

[52]Vikram patel, Krishna patel, J.L Juneja e K Baba Pai," Effect of mechanical vibration and Grain Refiner and Modifier on specific wear rate and hardness of Hypereutectic Aluminium Silicon Alloy", Indian foundry journal, 59(2013)

[53]Dheerendra kumar Dwivedi, A.Sharma e T.V.Rajan ," Influence of silicon morphology and mechanical properties of Piston alloys", Materials and Manufacturing Processes, 20(2005), pp. 777-791

[54]D. G. Mallapur et. al.," Influence of Grain Refiner and Modifier on the microstructure and Mechanical properties of A356 Alloy", International Journal of Engineering Science and Technology, 2(2010), 4487-4493

[55]G. Heiberg et al., "Columnar to Equiaxed Transition of Eutectic in Hypoeutectic Aluminium-Silicon Alloys," Ata. Mater.,50(2002), pp. 2537-2546

[56]S.Z. Lu e A. Hellawell, "The mechanism of silicon modification in aluminumsilicon alloys: Impurity induced twinning," Metall. Mater. Trans A, 18A (1987), pp.1721-1733.

[57]L.Qiyang, Li Qingchun, Liu Qiful," Modification of Al-Si Alloys With Sodium", Ata Metallurgica, 39(1991), pp 2497-2502

[58]Shankar S, Riddle Y e Makhlouf M, "Nucleation mechanism of the eutectic phases in Al-Si hypoeutectic alloys", Ata Mater, 52 (2004), pp. 4447-4460

[59]H.C. Liaoy, M. Zhang, J.J. Bi, K. Ding, X. Xi e S.Q. Wu," Eutectic Solidification in Near-eutectic Al- Si Casting Alloys", J. Mater. Sci. Technol., 26(2010), pp. 1089-1097.

[60]S. Nafisia, R. Ghomashchi, H. Vali," Eutectic nucleation in hypoeutectic Al-Si alloys", MaterialsCharacterization, 59(2008), pp. 1 4 6 6- 1 4 73

[61]Dahle A K, Nogita K, Zindel J W, McDonald S D e Hogan L M.,"Eutectic nucleation and growth in hypoeutectic Al-Si alloys at different strontium levels", Metall. Mater. Trans. A, 32(2001), pp. 949-960.

[62]Dahle A K, Nogita K, McDonald S D, Dinnis C e Lu L.," Eutectic modification and microstructure development in Al-Si Alloys",. Mater. Sci. Eng. A, 413414(2005), pp. 243-248

[63]V. Ronto & A. Roose, Int. Journal of cast metals, 13(2001), pp. 337-342

[64]H.S Kang, W.Y.Yoon, K.H.Kim, Y.P.Yoon ,I.S Cho,"Effective parameter for selectionof modifying agent for Al-Si alloy," Materials Science and Engineering, A 449-451(2007), pp. 334-337

[65]S.A. Kori , B.S. Murty, M. Chakraborty," Development of an efficient grain refiner for Al-7Si alloy", Materials Science and Engineering, 2 80 (2000), pp. 5861

[66]Anett Kosa, Zoltan Gacsi, Jeno Dul," Effects of Strontium on the micro structure of Al-Si Casting Alloys", Materials Science and Engineering, 37/2(2012), pp. 4350

[67]L. Lua, K. Nogita, A.K. Dahle," Combining Sr and Na additions in Hypoeutectic Al-Si foundry alloys",Materials Science and Engineering, 399 (2005), pp.244- 253.

[68]Maria Farkasov, Eva Tillova ,Maria Chalupova ," Modification of Al-Si-Cu cast alloy", Faculdade de Engenharia Mecânica, FME Transactions (2013) 41, pp. 210215

[69]D. Apelian, G.K. Sigworth, K.R. Whaler, "Assessment of Grain Refinement and Modification of Al-Si Foundry Alloys by Thermal Analysis", American Foundrymen's Society Inc., 1984, pp. 99297-99307.

[70]V.P.Patel e H.R Prajapati, "Propriedades microestruturais e mecânicas da liga eutéctica Al-Si com grão refinado e modificado utilizando fundição por gravidade e fundição em areia", International Journal of Engineering Research and Applications (IJERA) ,2(2012), pp.147-150

[71]D.G. McCartney, Grain Refining of Aluminium and its alloys using Inoculants, Int. Mater. Rev. 34 (1989), pp. 247-260.

[72]J.A. Spittle, J.M. Keeble, M.A. Meshhedani," The grain refinement of Al-Si foundry alloys", Light Met. (1997), pp. 795-800.

[73]Mohanty PS e Gruzleski JE, "Mechanism of Grain Refinement in Aluminium", Ata Materialia, 43, 2001-2012.

[74]Masoumeh Faraji, Dmitry G. Eskin e Laurens Katgerman, "Grain Refinement in Hypoeutectic Al-Si alloys using ultrasonic vibrations", International Foundry Research 62 (2010).

[75]K T Kashyap e T Chandrashekar," Effects and mechanisms of grain refinement in Aluminium Alloys", Bull. Mater. Sei., 24(2001), pp. 345-353.

[76]Jun Wang, Shuxian He, Baode Sun, Qixin Guo, Mitsuhiro Nishio," Grain refinement of Al-Si alloy (A356) by melt thermal treatment", Journal of Materials Processing Technology, 141 (2003), pp. 29-34.

[77]Y.C. Lee, A.K. Dahle, D.H. StJohn, J.E.C. Hutt," The effect of grain refinement and silicon content

on grain formation in hypoeutectic Al-Si alloys," Materials Science and Engineering, 259 (1999), pp. 43-52.

[78]M. A. Eastonand D. H. Stjohn," A Model of Grain Refinement incorporating alloy constitution and potency of Heterogeneous nucleant particles, Ata mater., 49 (2001), pp. 1867-1878.

[79] S. M. Jigajinni, K. Venkateswarlu e S. A. Kori," Computer aided cooling curve analysis for Al-5Si and Al-llSi alloys", International Journal of Engineering, Science and Technology, 3(2011), pp. 257-272.

[80] T.R Ramachandran, P.K.Sharma e K.Balasubramanian," Grain Refinement of Light Alloys", Indian Foundry Journal, 54(2008), pp. 31-36.

[81]K.R. Ravi, S. Manivannan, G. Phanikumar, B.S. Murty e Suresh Sundarraj," Influence of Mg on Grain Refinement of Near Eutectic Al-Si Alloys", Metallurgical and Materials Transactions, 42(2011).

[82] P.C. Meena, Surendra Singh e Ashok Sharma," factors influencing grain refining behavior of master alloys and their study on fading and poisoning phenomena in Al and its Alloys, "Indian foundry journal, 58(2012), pp. 23-31.

[83] Divya Kohli, Ajay Pareek e Ashok Sharma," Some critical aspects of solidification and grain refinement of Aluminium alloy," Indian foundry journal, 56(2010), pp. 31-36.

[84] K.N Prabhu, S.Karanth, K.R.Udupa," Assessment of degree of modification in Al- Si Eutectic Alloy (LM6) by NDT Techniques", Indian foundry journal, 45 (1999), pp. 177-185.

[85] D Apelian, G K Sigworth e K R Whaler," assessment of grain refinement and modification of Al-SI foundry Alloys by thermal Analysis ", AFS Transaction, 92 (1984), pp 297-307.

[86] T J Hurkey," Use of electrical conductivity and Ultrasound to determine Modification in Al-SI alloys", AFS Transaction, 103 (1195), pp. 159-172.

[87] J Chaparso Gonzalez, L Mondragon Sanchez, J Nunez-Acocer e A floresvaldes," Appliction of an ultrasound technique to control modification of Al- Si alloys", Materials and Design, 16 (1995), pp. 47-50.

Referências de livros:-

i) ASM handbook-vol-2, Propriedades e seleção: Ligas não ferrosas e materiais para fins especiais

ii) I. J. Polmear, Light Alloys-From Traditional Alloys to Nanocrystals, 4th Edition,2006

Hi) N. Sevryukov, Metalurgia dos metais não ferrosos

iv) ASM Metals Handbook Desk Edition, 2nd Edição, 1998

v) ASM Handbook-vol-13-Corrosão

vi) Paul Juniere e M. Sigwait, Aluminium-Its Applications in the Chemical and food Industries (Aplicações do alumínio nas indústrias química e alimentar)

vii) Campbell, J., Castings. 2^{a} ed. 2003: Buttonworths

viii) VanHorn K.R ," Aluminium: Vol-1: Propriedades, Metalurgia Física e Diagramas de Fase"

1967 ASM

ix) *ASM Handbook, Vol-4, Tratamento Térmico*

x) *Mondolfo, L.F. Structure and Properties of Aluminium Alloys; Butterworth: Inglaterra, 1979.*

xi) *W. Kurz, D.J. Fisher, Fundamentals of Solidification, Trans- Tech Publications, Suiça, 1989*

xii) *An introduction to materials characterization, por P.R. Khangaonkar, primeira edição, novembro de 2010*

xiii) *Vijendra Singh, Physical Metallurgy, Standard Publishers, outubro de 2004.*

BIBLIOGRAFIA

a) http://www.keytometals.com/Article83.htm

b) http://en.wikipedia.org/wiki/Aluminium

c) http://en.wikipedia.org/wiki/Silicon

d) http://www.cast-alloys.com/products/lm_chart.htm

e) http://www.nortal.co.uk/alloys/lm28.asp

f) http://www.keytometals.com/Article55 .htm

g) http://www.imagecontent.com

h) http://encyclopedia.com

APÊNDICE

1) Matéria-prima

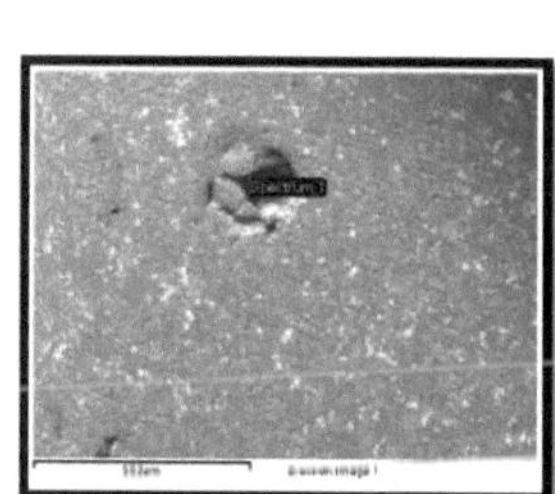

Spectrum 1

Elements	Weight%
O K	16.23
Al K	42.29
Si K	9.92
Fe K	2.80
Totals	**100.00**

Full Scale 8284 cts Cursor: 0.000 keV

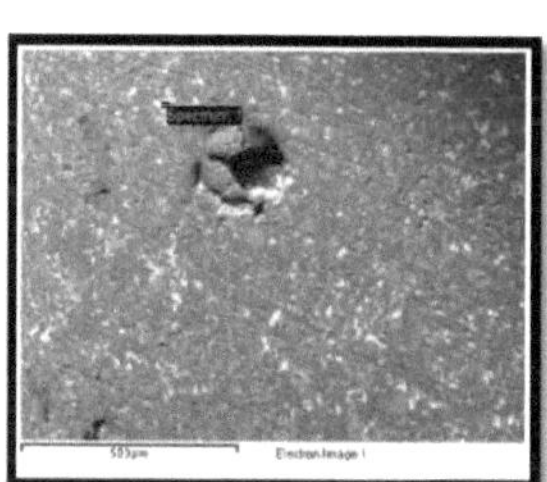

Spectrum 1

Elements	Weight%
Mg K	10.91
Al K	58.79
Si K	19.99
Fe K	3.41
Ni K	3.67
Cu L	3.22
Totals	**100.00**

Full Scale 8284 cts Cursor: 0.000 keV

2) Al-17Si-2.5MnO_2

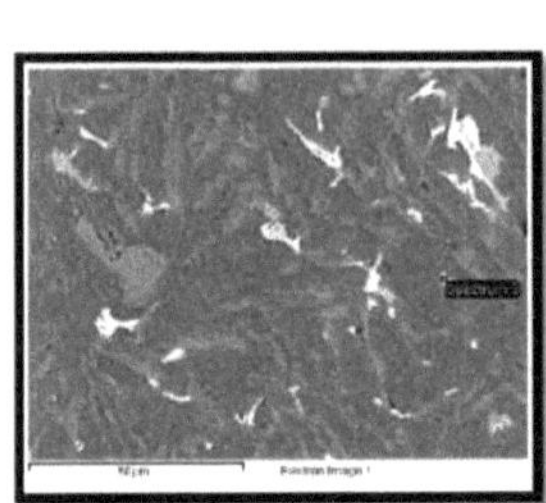

Spectrum 3

Elements	Weight%
Mg K	0.85
Al K	86.23
Si K	2.63
Ni K	1.34
Cu L	4.55
Totals	**100.00**

Full Scale 12768 cts Cursor: 0.000 keV

3) Al-17Si-2.5TiO_2

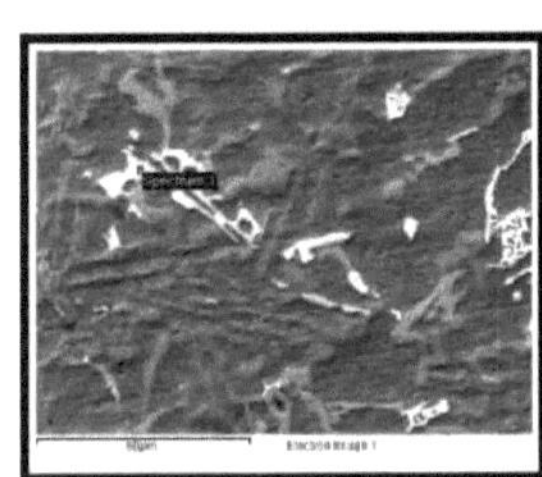

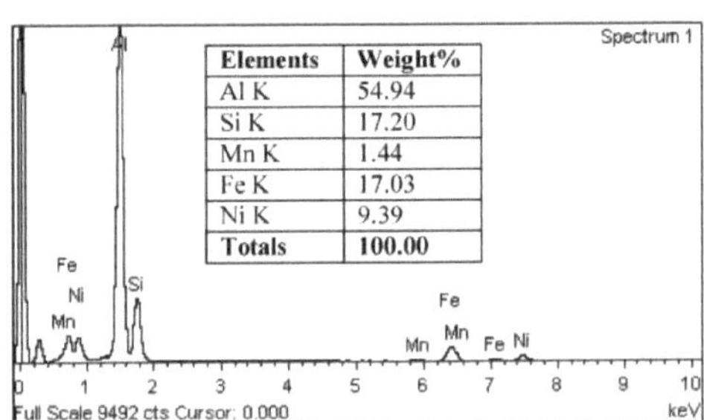

Elements	Weight%
Al K	54.94
Si K	17.20
Mn K	1.44
Fe K	17.03
Ni K	9.39
Totals	**100.00**

4) Al-17Si-2,5 Cr2 O_3

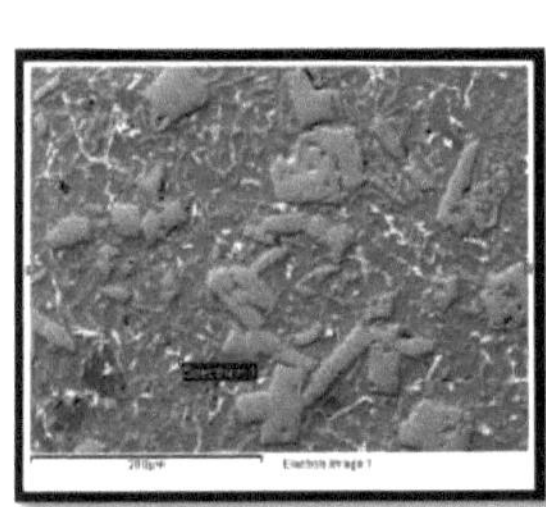

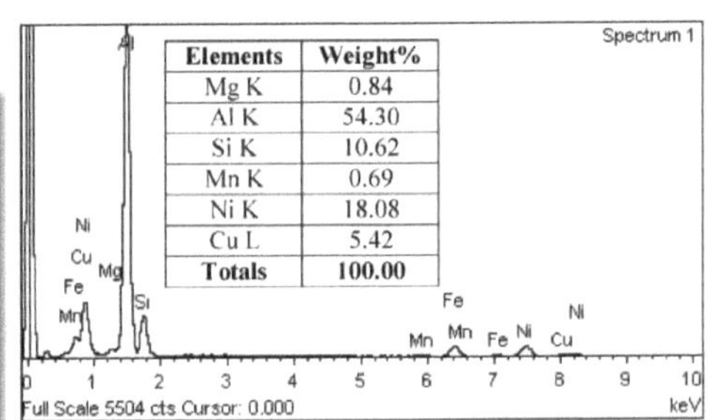

Elements	Weight%
Mg K	0.84
Al K	54.30
Si K	10.62
Mn K	0.69
Ni K	18.08
Cu L	5.42
Totals	**100.00**

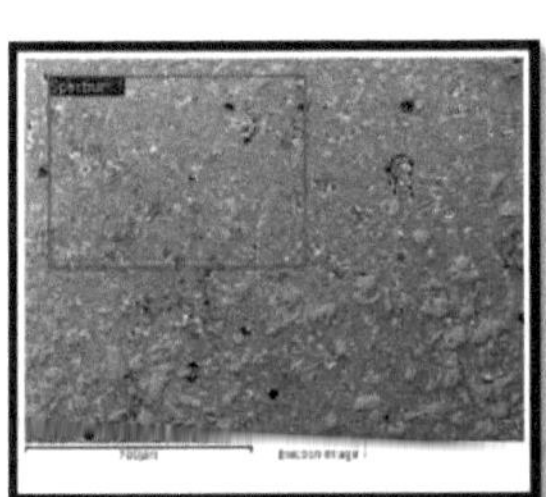

Spectrum 1

Elements	Weight%
Mg K	0.59
Al K	77.17
Si K	21.64
Cr K	0.01
Fe K	0.59
Totals	**100.00**

Full Scale 11972 cts Cursor: 0.000 keV

Printed by Books on Demand GmbH, Norderstedt / Germany